CO_2 hat seinen Preis

Ottmar Edenhofer · Cecilia Kilimann · Christopher Leisinger

CO_2 hat seinen Preis

Warum eine wirksame Klimapolitik die CO_2-Bepreisung braucht

Springer Gabler

Ottmar Edenhofer
Potsdam-Institut für Klimafolgenforschung (PIK), Potsdam, Deutschland

Christopher Leisinger
Potsdam-Institut für Klimafolgenforschung (PIK), Berlin, Deutschland

Cecilia Kilimann
Potsdam-Institut für Klimafolgenforschung (PIK), Berlin, Deutschland

ISBN 978-3-658-50399-4 ISBN 978-3-658-50400-7 (eBook)
https://doi.org/10.1007/978-3-658-50400-7

Die Deutsche Nationalbibliothek verzeichnet diese Publikation in der Deutschen Nationalbibliografie; detaillierte bibliografische Daten sind im Internet über https://portal.dnb.de abrufbar.

Potsdam-Institut für Klimafolgenforschung (PIK) e.V.

Planung/Lektorat: Vera Treitschke
Springer Gabler ist ein Imprint der eingetragenen Gesellschaft Springer Fachmedien Wiesbaden GmbH und ist ein Teil von Springer Nature.
Die Anschrift der Gesellschaft ist: Abraham-Lincoln-Str. 46, 65189 Wiesbaden, Germany

Vorwort

Die Weltwirtschaft muss ihre Treibhausgasemissionen rasch und substanziell senken, um die globale Erderwärmung einzudämmen und die schlimmsten Zukunftsszenarien abzuwenden. Zugleich wird immer deutlicher, dass ein Fortführen der bisherigen Klimapolitik bei Weitem nicht ausreicht: Das CO_2-Budget zur Einhaltung der 1,5 °C-Grenze, wie sie im Pariser Klimaabkommen verankert wurde, dürfte schon in wenigen Jahren vollends erschöpft sein.

Die internationalen Klimaziele werden möglicherweise für Dekaden überschritten. Damit gerät eine grundlegende Annahme der Klimapolitik ins Wanken: Es reicht nicht mehr aus, den Temperaturanstieg zu verlangsamen und durch Klimaneutralität zum Stillstand zu bringen. Eine dritte, weitreichendere Aufgabe rückt in den Fokus der Aufmerksamkeit. Die globale Erwärmung muss langfristig wieder auf ein verträgliches Maß zurückgeführt werden. Diese Herausforderung lässt sich in einer griffigen Formel fassen: Erwärmung bremsen. Erwärmung stoppen. Erwärmung zurückdrehen.

Was eingänglich klingt, bedeutet in der Praxis nicht weniger als einen umfassenden Wandel – ökonomisch wie gesellschaftlich. Hinzu kommt: Ausgerechnet in dieser entscheidenden Phase schwindet der politische Rückhalt für ambitionierte Klimapolitik. Während wir dieses Buch im Sommer 2025 fertigstellen, durchleben wir eine Zeitenwende: Ein erklärter Freund fossiler Industrien steht an der Spitze der USA. In Europa gewinnen rechtspopulistische Kräfte an Einfluss. Außerdem ziehen globale Krisen Aufmerksamkeit auf sich: An den EU-Außengrenzen herrscht Krieg und auch der Nahe Osten ist erneut von Krieg, Gewalt und humanitären Katastrophen geplagt. Die Klimapolitik droht, angesichts globaler Krisen, verstärkten Sicherheitsrisiken und politischer Ungewissheit ins Hintertreffen zu geraten.

Doch Klimapolitik bleibt alternativlos. Sie ist kein Luxusprojekt für bessere Zeiten. Betrachten wir die massiv steigenden Klimaschäden, darf sie nicht aufgeschoben werden. Aber: Klimapolitik muss handwerklich gut gemacht sein. Drängender denn je stellt sich daher die Frage, was das genau bedeutet: Welche Instrumente reduzieren Emissionen wirklich? Welche Maßnahmen bleiben auch unter politisch schwierigen Umständen mehrheitsfähig? Wie lässt sich sozialer Zusammenhalt bewahren, wenn die Anstrengungen zur Emissionsvermeidung immer spürbarer werden? Und wie gewinnen wir internationale Partner in einer Welt, die zunehmend von geopolitischer Zerklüftung geprägt ist?

Im Zentrum dieses Ringens um das „Wie" der Klimapolitik steht seit Jahren die Bepreisung von CO_2-Emissionen. Sie gilt als Schlüsselinstrument wirksamer Klimapolitik – und ist dennoch Gegenstand erbitterter Kontroversen. Ihre Wirksamkeit, ihre politische Durchsetzbarkeit und ihre Vereinbarkeit mit sozialer Gerechtigkeit werden immer wieder angezweifelt – nicht selten auf Basis von Halbwissen, falschen Annahmen oder ideologisch gefärbten Argumenten.

Gerade deshalb haben wir dieses Buch geschrieben. Weil wir überzeugt davon sind, dass ein CO_2-Preis in der heutigen Weltlage wichtiger ist denn je. Und weil wir glauben, dass sich nur eine faktenbasierte Diskussion über den CO_2-Preis lohnt. Allzu oft verhindern Missverständnisse eine sachliche Debatte. Wir wollen deshalb fünf der am weitesten verbreiteten Irrtümer über den CO_2-Preis aufgreifen und zeigen, warum sie einer wissenschaftlich fundierten Prüfung nicht standhalten – und was diese Erkenntnisse für die Politik bedeuten.

Wir nehmen die Einwände gegen die CO_2-Bepreisung ernst. Unser Ziel ist es, Brücken über ideologische Gräben zu bauen. Wir verstehen unsere Arbeit nicht als akademisches Gedankenspiel. Unser Buch richtet sich an alle, die sich umfassend und gründlich mit klimapolitischen Instrumenten auseinandersetzen wollen – in Wissenschaft, Politik, Zivilgesellschaft oder einfach als engagierte Bürger*innen. Wir möchten Leser*innen dazu ermutigen, weit verbreitete Vorurteile zu hinterfragen und sich mit der CO_2-Bepreisung als zentralem Element moderner Klimapolitik vertraut zu machen. Denn nur wenn wir die Mechanismen verstehen, können wir sie gestalten – sozial gerecht, politisch tragfähig und vor allem wirkungsvoll in der Bekämpfung des Klimawandels.

Ottmar Edenhofer
Cecilia Kilimann
Christopher Leisinger

Danksagung Wir danken Maximilian Amberg, Tabea Dorndorf, Adrian Heilemann, Niklas Illenseer, Matthias Kalkuhl, Maximilian Kellner, Patrick Klösel, Noah Kögel, Maximilian Kotz, Siri Krobjinski, Anne Merfort, Nikolaj Moretti, Michael Pahle, Antonia Schwarz, Lennart Stern, Susanne Stundner, Darius Sultani und Marie-Louise Zeller für wertvolle Hinweise und aufschlussreiche Hintergrundgespräche zu diesem Buch. Außerdem danken wir Rebekka Eick und Emma Gerlach für ihre hilfreiche Unterstützung im Schreib- und Rechercheprozess. Unser Dank gilt auch Thomas Göllinger, der dieses Buch als Gutachter mit fachlicher Expertise und konstruktiven Verbesserungsvorschlägen bereichert hat. Vera Treitschke und dem Team von Springer Nature danken wir für die sehr gute und entgegenkommende Betreuung. Alle Formulierungen, Schlussfolgerungen und Werturteile sind jedoch ausschließlich die unsrigen und spiegeln nicht notwendigerweise die der Gutachter*innen, Hinweisgeber*innen und Unterstützer*innen wider.

Inhaltsverzeichnis

Abkürzungsverzeichnis

BECCS	*Bioenergy with Carbon Capture and Storage*
BEH	Brennstoffemissionshandel
BIP	Bruttoinlandsprodukt
BZSt	Bundeszentralamt für Steuern
CBAM	*Carbon Border Adjustment Mechanism,* CO_2-Grenzausgleich
CDR	*Carbon Dioxide Removal,* CO_2-Entnahme
CDU	Christlich Demokratische Union Deutschlands
CO_2	Kohlenstoffdioxid
CSU	Christlich-Soziale Union in Bayern
DACCS	*Direct Air Carbon Capture and Storage*
ECCB	*European Carbon Central Bank,* Europäische Kohlenstoffzentralbank
EEG	Erneuerbare-Energien-Gesetz
ETS	*Emissions Trading System,* Emissionshandelssystem
EU ETS1	erstes Europäisches Emissionshandelssystem für Industrie und Energie
EU ETS2	zweites Europäisches Emissionshandelssystem für Gebäude und Straßenverkehr sowie kleinere Industrie
EUA	*EU Allowances,* EU-Emissionsberechtigungen
EU	Europäische Union
FCKW	Fluorchlorkohlenwasserstoffe
FDP	Freie Demokratische Partei
Gt	Gigatonne
IPCC	*Intergovernmental Panel on Climate Change,* Weltklimarat
IRA	*Inflation Reduction Act*
KTF	Klima- und Transformationsfonds

Mio	Millionen
Mrd	Milliarden
ÖPNV	öffentlicher Personennahverkehr
Pkw	Personenkraftwagen
PV	Photovoltaik
SCC	*Social Cost of Carbon*
SPD	Sozialdemokratische Partei Deutschlands
THG	Treibhausgase
USA	Vereinigte Staaten von Amerika
UV	ultraviolette Strahlung
WTA	*Willingness-to-Accept*
WTP	*Willingness-to-Pay*

1 Einleitung: Fünf Irrtümer und ihre Korrektur

Die Klimaökonomie ist sich in der Problemdiagnose einig. Der voranschreitende Klimawandel bedroht unseren Wohlstand. Durch den Anstieg der globalen Mitteltemperatur werden Stürme, Dürren, Überschwemmungen und Hitzewellen häufiger und extremer. Auch Niederschlags- und Temperaturmuster verändern sich. Schwankungen von Tag zu Tag nehmen in weiten Teilen der Welt zu. Das verursacht einschneidende ökonomische Schäden – ganz zu schweigen vom Artensterben, zunehmenden Gesundheitsrisiken für den Menschen und einer erhöhten Sterblichkeit sowie dem Verlust von Heimat, Kultur und Identität (IPCC 2023).

Wie hoch genau zukünftige Schäden sein werden, lässt sich aus wissenschaftlicher Sicht nicht mit absoluter Gewissheit sagen: Je nachdem, auf welcher Datengrundlage gerechnet wird, welche Wirkungsketten berücksichtigt und welche Annahmen getroffen werden, kommen verschiedene Studien zu unterschiedlichen Ergebnissen. Generell liegen viele neuere Schätzungen aber deutlich über vergangenen Prognosen. Eine Meta-Analyse verschiedener Schadensschätzungen kommt für eine globale Erwärmung um 3 °C zu einer Schadensspanne zwischen 3,2 % und 9,2 % des weltweiten BIPs (Howard und Sterner 2025). Schäden durch das Überschreiten von Kipppunkten[1] sind in dieser Spanne noch nicht berücksichtigt, würden die Schätzungen der wirtschaftlichen Einbußen durch den Klimawandel aber deutlich nach oben korrigieren. Bei aller wissenschaftlicher

[1] Kipppunkte sind klimatisch bedingte Schwellenwerte, deren Überschreiten schwerwiegende, unwiderrufliche und mitunter selbstverstärkende Veränderungen in Gang setzt. Jenseits gewisser Kipppunkte werden Kippelemente – zentrale Bestandteile des Erdsystems, die für die Stabilität des regionalen oder globalen Klimas entscheidend sind – so destabilisiert, dass selbst ein späteres Absenken der Temperatur sie nicht wieder in ihren Ausgangszustand versetzen kann.

O. Edenhofer et al., *CO_2 hat seinen Preis,*
https://doi.org/10.1007/978-3-658-50400-7_1

Unsicherheit über das exakte Ausmaß der Schäden ist klar, dass Klimaschäden die Kosten der Vermeidung des Klimawandels deutlich übersteigen werden.

Die Klimaschäden sind global ungleich verteilt. Besonders stark betroffen sind der gesamte afrikanische Kontinent, vor allem die Sahelzone, die arabische Halbinsel, Südasien und äquatornahe Regionen Südamerikas. Viele dieser Gebiete sind aufgrund von Armut, Nahrungsmittelknappheiten, begrenztem Zugang zu internationalen Finanzmärkten und bereits bestehenden Konflikten ohnehin schon vulnerabel. Politische und gesellschaftliche Kapazitäten für die Anpassung an Klimaschäden sind in diesen Regionen besonders begrenzt. Der Klimawandel kann hier wie ein Brandbeschleuniger für bereits bestehende Spannungen wirken. Migration kann eine vielversprechende Anpassungsstrategie sein (Vinke et al. 2020). Das bedeutet, dass eskalierende Klimaschäden einerseits insbesondere Menschen im Globalen Süden zwingen, ihre Heimat zu verlassen; andererseits werden die Länder des Globalen Nordens mit zunehmenden Migrationsströmen konfrontiert. Doch auch der Globale Norden erleidet durch die Folgen des Klimawandels unmittelbare Verluste. Waldbrände, Stürme, Dürren und Überschwemmungen bedrohen schon heute Europa, Australien und weite Teile Nordamerikas. In Zukunft werden auch hier die Klimaschäden weiter zunehmen. Selbst in den äußerst dünn besiedelten Gebieten der nördlichsten Breitengrade, die in ökonomischen Modellrechnungen nur geringe oder gar keine direkten Einbußen aufweisen, dürften die vielschichtigen Folgen des Klimawandels unweigerlich spürbar werden – sei es durch den Anstieg des Meeresspiegels, aufgrund global vernetzter Lieferketten oder durch zunehmende geopolitische Spannungen. Und so ist das Ergebnis der Abwägung von Kosten und Nutzen der Klimapolitik wissenschaftlich eindeutig: Der Klimawandel fordert einen Preis und die Kosten der Untätigkeit übersteigen die des Klimaschutzes bei Weitem.

Vor dem Hintergrund zunehmend spürbarer Klimafolgen und einem wachsenden öffentlichen Bewusstsein versuchen Regierungen weltweit, den Treibhausgasausstoß in ihren Ländern zu reduzieren und die Wirtschaft in Richtung Klimaneutralität zu transformieren. Die größten klimapolitischen Reformpakete haben bisher die EU und – in der Zeit vor der Wiederwahl von Donald Trump zum US-Präsidenten – die USA verabschiedet. Damit haben bislang vor allem Demokratien gezeigt, dass sie in der Lage sind, kraftvoll auf die klimapolitischen Herausforderungen zu reagieren. Die politischen Ansätze sind dabei recht unterschiedlich: Der 2019 vorgelegte *Green Deal* der EU einerseits und der drei Jahre später verabschiedete *Inflation Reduction Act* (IRA) der USA stehen für zwei verschiedene Klimaschutzstrategien: Während die USA – zumindest in der Zeit vor Donald Trumps Wiederwahl zum US-Präsidenten – in erster Linie auf die Förderung klimaneutraler Technologien mit Subventionen setzten, steht im Herzen des europäischen *Green Deal* die CO_2-Bepreisung – also die Idee, die Verursachung von CO_2-Emissionen mit einem Preis zu belegen.

Mit Donald Trumps Rückkehr ins Weiße Haus haben die Vereinigten Staaten allerdings zahlreiche unter den Demokraten beschlossene energie- und klimapolitische Maßnahmen aufgehoben. In nur wenigen Wochen hat Präsident Trump staatliche Klimaschutzmaßnahmen ausgehöhlt, Umweltvorschriften zurückgenommen und der fossilen Brennstoffindustrie durch eine „Drill Baby Drill"-Rhetorik erheblichen Auftrieb verliehen (Tollefson 2025). Außenpolitisch verfolgt Trump einen transaktionalen und isolationistischen Politikstil – viele Länder werden durch eine „America First"-Politik verlieren. Der US-amerikanische Kurswechsel ist in der Klimadiplomatie bereits deutlich spürbar. Schon wenige Tage nach seinem Amtsantritt leitete Donald Trump per Präsidentialdekret den erneuten Austritt der USA aus dem Pariser Klimaabkommen ein (Weißes Haus 2025). Noch fataler sind die unmittelbaren finanziellen Folgen von Trumps nationalistischer Anti-Klima-Politik: Die Aufkündigung der Zahlungsverpflichtungen im Rahmen der UN-Klimarahmenkonvention und die Streichung der USAid-Entwicklungsgelder werden die globale Klimafinanzierung drastisch einschränken (Harvey 2025). Das bedroht Klimaprojekte in Ländern des Globalen Südens, denen es an finanziellen Ressourcen und Zugang zu internationalen Krediten fehlt, um die Kosten der Klimatransformation tragen zu können. Dies gefährdet auch die globalen Klimaziele und andere Industrienationen stehen vor der Aufgabe, die von den USA hinterlassene Lücke in der internationalen Klimazusammenarbeit zu füllen.

Wie stark sich die USA unter der Trump-Administration auch auf nationaler Ebene von ihren bisherigen Klimazielen entfernen werden, hängt maßgeblich davon ab, in welchem Umfang der IRA beschnitten wird. Berechnungen zeigen, dass die landesweiten Emissionen durch das Gesetz bis 2035 möglicherweise fast halbiert worden wären (Bistline et al. 2023). Durch den Machtwechsel im Weißen Haus ist dem milliardenschweren Investitionspaket ein Ende gesetzt. Eine vollständige Rückabwicklung des IRA könnte jedoch auch für Trumps Regierung schwierig werden, da ein großer Teil der Gelder bereits zugeteilt wurde. Inwieweit diese Zuteilung wieder zurückgerollt werden kann, ist momentan Gegenstand von gerichtlichen Auseinandersetzungen (Pontecorvo 2025). Dem IRA zugutekommen könnte die Tatsache, dass republikanisch dominierte Bundesstaaten überdurchschnittlich vom IRA profitiert haben (Shah 2025; Fujii-Rajani und Patnaik 2025). Vorsichtige Hoffnung gibt auch, dass progressive US-Bundesstaaten wie Kalifornien voraussichtlich weiterhin versuchen werden, ehrgeizige Umwelt- und Klimaschutzmaßnahmen wie Förderprogramme für erneuerbare Energien oder CO_2-Preise beizubehalten (Holz et al. 2025).

Angesichts der absehbaren Rückschritte in der US-Klimapolitik unter Donald Trump darf der globale Klimaschutz jedoch nicht in einen Unterbietungswettbewerb abgleiten. Vielmehr sollte nun die Frage nach dem „Wie" der richtigen Klimapolitik in den Mittelpunkt der Debatte rücken. Ihre Beantwortung ist vor allem deshalb entscheidend, weil sich das öffentliche Stimmungsbild zum Klimaschutz in den krisenbehafteten Jahren ab 2020 verändert hat. Mittlerweile ist klar, dass die breite Anerkennung des Klimawandels nicht automatisch mit der Zustimmung zu einer ambitionierten Klimapolitik einhergeht. Seit der Corona-Pandemie und dem Beginn des russischen Angriffskriegs in der Ukraine macht sich eine allgemeine Krisenmüdigkeit breit. In Deutschland gipfelte das Stimmungstief im von der Ampelkoalition auf den Weg gebrachten „Heizungsgesetz". Waren in den Jahren zuvor noch die Stimmen der *Fridays for Future*-Bewegung laut, hatte sich die Gemütslage im Land längst gewandelt; ein handwerklich schlecht gemachtes Gesetz, unzureichende Kommunikation und die Sorge vor negativen Verteilungswirkungen mündeten in medialer Furore und einer breiten Opposition gegen das Vorhaben.

Und so wird die Suche nach dem optimalen Instrumenten-Mix zur entscheidenden Aufgabe der Klimapolitik. Dabei gilt es, Effektivität, ökonomische Effizienz und die gesellschaftliche Verteilungswirkung im Blick zu behalten und die Wahl der politischen Instrumente an diesen Parametern auszurichten. Aus ökonomischen Gesichtspunkten schneidet der CO_2-Preis – sei es in Form eines Emissionshandels oder einer CO_2-Steuer – als Instrument zur Einsparung von Emissionen gut ab. Doch im öffentlichen Diskurs um den Klimaschutz wird die Bepreisung von Emissionen häufig kritisiert (z. B. Abou-Chadi et al. 2024; Blesse et al. 2024). Die Vorwürfe: Ein Preis habe eine geringe Lenkungswirkung, sei sozial ungerecht, stoße auf gesellschaftlichen Widerstand und sei politisch schwer durchzusetzen. Aus Sorge, der CO_2-Preis sende nur laxe Signale und stehe strikteren Regulierungsansätzen im Wege, sprechen sich auch Befürworter*innen einer ambitionierten Klimapolitik häufig gegen dieses Instrument aus. Die Fürsprecher*innen des CO_2-Preises sehen sich hingegen häufig dem Vorwurf ausgesetzt, keine ambitionierte Klimapolitik anzustreben, sondern mit dem Verweis auf „marktbasierte Instrumente" vor allem regulative Eingriffe abwehren zu wollen. Dabei wird häufig verschwiegen, dass der CO_2-Preis kraftvolles staatliches Handeln erfordert. Denn die Implementierung einer CO_2-Steuer oder eines Emissionshandelssystems erfordert umfassende staatliche Kapazitäten. Und auch einmal aufgebaut muss ein CO_2-Preis weiter politisch begleitet und an etwaige neue Umstände angepasst werden. Ohne staatliche Eingriffe kann der Markt keinen CO_2-Preis hervorbringen.

Den Konflikten rund um den CO_2-Preis wollen wir uns in diesem Buch stellen. Wir wollen zeigen, dass die Karriere der CO_2-Bepreisung gerade erst begonnen hat und eine ambitionierte Klimapolitik auf dieses Instrument nicht verzichten kann. Aber wir zeigen auch, dass die Voraussetzungen für eine gelungene Implementierung anspruchsvoll sind. Den interessierten Leser*innen möchten wir erläutern, welche Kritik an der CO_2-Bepreisung häufig geäußert wird und dabei fünf der verbreitetsten Irrtümer korrigieren. Wir richten uns dabei an alle, die die Klimapolitik und ihre aktuellen Debatten besser verstehen wollen – unabhängig davon, ob sie selbst einen wirtschaftswissenschaftlichen Hintergrund haben oder nicht. Wir sind bemüht, ökonomische Theorien und wissenschaftliche Fachbegriffe grundlegend zu erläutern; erkennen aber zugleich an, dass einige wissenschaftliche Konzepte und Ideen komplex bleiben. Wir freuen uns über alle, die sich mit uns auf diese Überlegungen einlassen – und vielleicht den einen oder anderen Gedanken aus unserem Buch mit in ihren Alltag, Diskussionen mit Freund*innen oder die politische Debatte nehmen.

Denn der öffentliche Diskurs in freien Gesellschaften lebt davon, dass falsche Vorstellungen ständig einer Korrektur unterzogen werden. Nur so ist es möglich, schrittweise zu verlässlichen Erkenntnissen zu gelangen. Wir beanspruchen hier nicht, selbst frei von Irrtümern zu sein, aber wir wollen zeigen, wie man durch geduldige Analyse und durch das Darlegen von Argumenten zu besseren Urteilen kommen kann. So wollen wir Brücken zwischen den Lagern bauen und Gräben überwinden: Wir sind davon überzeugt, dass eine ambitionierte Klimapolitik notwendig ist – national, europäisch und international. Wir wollen zeigen, dass eine solche Klimapolitik die CO_2-Bepreisung als Leitinstrument braucht. Aber CO_2-Preise müssen durch andere Instrumente ergänzt werden. Ein sozialer Ausgleich ist notwendig und es gibt neben dem Klimaproblem weitere Formen des Marktversagens, denen man mit einem CO_2-Preis alleine nicht beikommen kann. Dabei geht es uns auch darum zu erklären, wie die CO_2-Bepreisung ökonomisch funktioniert, unter welchen Voraussetzungen sie am wirkungsvollsten ist und wie sie den Herausforderungen der Zukunft am besten begegnen kann. Von lassen leiten Folgende Irrtümer sehen wir uns in diesem Buch genauer an und entkräften sie argumentativ:

1. Irrtum: *Die CO_2-Bepreisung hat keine Lenkungswirkung* [Kap. 2]. Oft wird behauptet, CO_2-Preise hätten nur eine geringe oder gar keine Lenkungswirkung. Doch das Gegenteil ist der Fall: Wird nämlich beispielsweise ein Kohlekraftwerk schlicht verboten, steigen die Strompreise. Das veranlasst verbleibende Anlagen, ihre Produktion zu erhöhen und so mehr zu emittieren. Ein CO_2-Preis drängt Kohlekraftwerke hingegen schrittweise aus dem Markt.

Er macht Kohle (sowie Öl und Gas) unwirtschaftlich und verhindert, dass die verbleibenden fossilen Anlagen jeweils mehr CO_2 ausstoßen. Wir zeigen, dass CO_2-Preise eine echte Lenkungswirkung entfalten – und Verbote, Standards und Subventionen vor allem dann wirksam sind, wenn sie mit einem Preis kombiniert werden.

2. Irrtum: *Die CO_2-Bepreisung ist politisch nicht umsetzbar* [Kap. 3]. Die CO_2-Bepreisung wurde schon als „politischer Selbstmord" (Bauer-Babef und Taylor 2021) bezeichnet – denn im Unterschied zu anderen Instrumenten der Klimapolitik sind ihre Kosten sichtbar. Es heißt auch, vielen Ländern fehlten Wissen oder Strukturen für die Einführung eines Preismechanismus. Tatsache ist: Weltweit sind heute etwa 28 % aller Emissionen direkt bepreist. Immer mehr Länder – auch große Schwellenländer – setzen auf das Instrument. Der Erfolg der CO_2-Bepreisung beruht auf ihrer Flexibilität. Sie kann als Steuer, Emissionshandel oder Hybridsystem ausgestaltet und so an politische Anforderungen angepasst werden.
3. Irrtum: *Die CO_2-Bepreisung ist sozial ungerecht* [Kap. 4]. Es ist richtig, dass CO_2-Preise in vielen Fällen Haushalte mit geringem Einkommen überproportional belasten. Doch das gilt auch für andere Klimaschutzinstrumente. Im Gegensatz zu Standards und Verboten bietet die CO_2-Bepreisung allerdings einen entscheidenden Vorteil: Mit ihr lassen sich Einnahmen generieren, um Haushalte von zusätzlichen Kosten zu entlasten. Für diese Entlastung gibt es diverse Möglichkeiten. Vier Varianten wollen wir detaillierter vorstellen: die viel diskutierte Pro-Kopf-Pauschale, ein innovatives Gebäudeklimageld, eine Absenkung der Stromkosten und die Härtefallkompensation.
4. Irrtum: *Die CO_2-Bepreisung hat keine Zukunft* [Kap. 5]. 2050 sollen die Emissionen in der EU auf netto-null sinken – in Deutschland schon fünf Jahre davor. Welche Rolle aber kann die CO_2-Bepreisung in einer klimaneutralen Welt spielen? Das nahende Netto-Null-Ziel könnte als Aus für die Emissionsbepreisung gedeutet werden. Tatsächlich wird sie aber ein wichtiges Puzzleteil der Klimapolitik bleiben. Denn in Zukunft gilt es, überschüssige CO_2-Emissionen wieder aus der Atmosphäre zu entnehmen und dadurch Netto-Negativ-Emissionen zu erreichen.
5. Irrtum: *Der CO_2-Preis macht nur Sinn, wenn er global eingeführt wird* [Kap. 5]. Auch wenn dieses Mantra oft wiederholt wird, ein global einheitlicher CO_2-Preis ist nicht nur politisch unrealistisch, er ist auch nicht fair. Richtig ist: Solange CO_2-Preise regional beschränkt sind, besteht die Gefahr, dass Unternehmen ihre Produktion in eine Region ohne Bepreisung verlagern, um dem Preisaufschlag zu entgehen. Skeptiker*innen argumentieren deshalb, ein CO_2-Preis sei wirkungslos, wenn er nicht global eingeführt werde.

Wir stellen wirkungsvolle Mechanismen vor, die sogenanntes *Carbon Leakage* vermeiden und zudem die internationale Kooperation stärken können.

Literatur

Abou-Chadi, T., Jansen, J., Kollberg, M., & Redeker, N. (2024). *Debunking the Backlash. Uncovering European Voters' Climate Preferences.* https://www.delorscentre.eu/fileadmin/2_Research/1_About_our_research/2_Research_centres/6_Jacques_Delors_Centre/Publications/20240307_Debunking_the_Backlash_Abou-Chadi_Janssen_Kollberg_Redeker.pdf. Zugegriffen: 15. September 2025.

Bauer-Babef, C., & Taylor, K. (2021). *Planned EU carbon market reform is „politically suicidal", warns French MEP.* https://www.euractiv.com/section/energy-environment/news/planned-eu-carbon-market-reform-is-politically-suicidal-warns-french-mep/. Zugegriffen: 15. September 2025.

Bistline, J., Blanford, G., Brown, M., Burtraw, D., Domeshek, M., Farbes, J., Fawcett, A., Hamilton, A., Jenkins, J., Jones, R., King, B., Kolus, H., Larsen, J., Levin, A., Mahajan, M., Marcy, C., Mayfield, E., McFarland, J., McJeon, H., … Zhao, A. (2023). Emissions and energy impacts of the Inflation Reduction Act. *Science, 380(6652),* 1324–1327.

Blesse, S., Dietrich, H., Necker, S., & Zürn, M. K. (2024). Wollen die Deutschen beim Klimaschutz Vorreiter sein und wenn ja, wie? Maßnahmen aus Bevölkerungsperspektive. *ifo Schnelldienst, 1*(77), 39–43.

Fujii-Rajani, R., & Patnaik, S. (2025). *What will happen to the Inflation Reduction Act under a Republican trifecta?* https://www.brookings.edu/articles/what-will-happen-to-the-inflation-reduction-act-under-a-republican-trifecta/. Zugegriffen: 15. September 2025.

Harvey, F. (2025). Trump's USAid cuts will have huge impact on global climate finance, data shows. *The Guardian Online.* https://www.theguardian.com/environment/2025/mar/10/trumps-usaid-cuts-will-have-huge-impact-on-global-climate-finance-data-shows. Zugegriffen: 15. September 2025.

Holz, F., Kemfert, C., von Hirschhausen, C., Baron, C., & Steigerwald, B. (2025). Neuer Dämpfer für US-Energie- und Klimapolitik unter Trump: EU muss mit ambitionierten Schritten vorangehen. *DIW Wochenbericht 4/2025,* 48–54.

Howard, P. H. & Sterner, T. (2025). Methodology Matters: A Careful Meta-Analysis of Climate Damages. *Environmental and Resource Economics.* https://doi.org/10.1007/s10640-025-01016-7. Zugegriffen: 15. September 2025.

IPCC – Intergovernmental Panel on Climate Change (2023). *Climate Change 2023: Synthesis Report. Contribution of Working Groups I, II and III to the Sixth Assessment Report of the Intergovernmental Panel on Climate Change [H. Lee & J. Romero (Hrsg.)].*

Pontecorvo, E. (2025). Here's How Much Money Biden Actually Spent From the IRA. https://heatmap.news/politics/ira-funds-obligated. Zugegriffen: 15. September 2025.

Shah, S. (2025). How Trump Is Trying to Undo the Inflation Reduction Act. *Time Online.* https://time.com/7262600/how-trump-is-trying-to-undo-the-inflation-reduction-act/. Zugegriffen: 15. September 2025.

Tollefson, J. (2025). Drill, baby, drill? Trump policies will hurt climate – But US green transition is under way. *Nature*. https://www.nature.com/articles/d41586-025-00243-8. Zugegriffen: 15. September 2025.

Vinke, K., Bergmann, J., Blocher, J., Upadhyay, H., Hoffmann, R. (2020). Migration as Adaptation? *Migration Studies,* Ausgabe 8 (4), 626–634, https://doi.org/10.1093/migration/mnaa029. Zugegriffen: 15. September 2025.

Weißes Haus (2025). *Executive Order 14162 „Putting America First In International Environmental Agreements"*. https://www.whitehouse.gov/presidential-actions/2025/01/putting-america-first-in-international-environmental-agreements/. Zugegriffen: 15. September 2025.

Wo wir mit der Klimapolitik stehen 2

2.1 Einige Grundlagen der Klimawissenschaften

2.1.1 Der aktuelle Zustand des Klimas

Die Nutzung fossiler Brennstoffe hat dazu beigetragen, die Gesellschaften in die Moderne zu führen. Sie hat aber auch die Konzentration von Kohlenstoffdioxid (CO_2) in der Erdatmosphäre auf ein nie dagewesenes Niveau gehoben (Abb. 2.1). Einmal freigesetzt, wird CO_2 im Erdsystem gespeichert – vor allem in der Atmosphäre, aber auch in Ozeanen, Böden und Wäldern, also in der Biosphäre. Diese Senken sind Teil eines komplexen Kohlenstoffkreislaufs. Mit jedem Jahr, in dem die Emissionen weiter steigen, müssen sie mehr Klimagase speichern. Ihre Aufnahmekapazität ist jedoch beschränkt. Expert*innen schätzen, dass Senken an Land und im Meer zwischen 2011 und 2020 lediglich die Hälfte der jährlich freigesetzten Emissionen absorbieren konnten (NOAA 2025). Wenn die natürlichen Senken bei steigenden CO_2-Emissionen stetig mehr Klimagase aufnehmen müssen, verlieren sie ihre relative Wirksamkeit. Das führt wiederum dazu, dass ein immer größerer Anteil des ausgestoßenen CO_2 in der Atmosphäre verbleibt (IPCC 2021b).

Ohne effektive politische Regulierung dienen die Atmosphäre, Ozeane und andere Senken als kostenlose Deponien für Treibhausgase. Die übermäßige Nutzung des atmosphärischen Deponieraums hat verheerende Folgen, denn je höher die CO_2-Konzentration in der Atmosphäre steigt, desto weiter wird die Erderwärmung vorangetrieben. Andere Senken stoßen an ihre Aufnahmegrenzen und können die Atmosphäre immer weniger entlasten. Metaphorisch lässt sich die Ablagerung von CO_2 in den Kohlenstoffsenken am besten mit dem Bild einer Badewanne veranschaulichen (Edenhofer 2023). In diese Badewanne wird stetig

O. Edenhofer et al., *CO_2 hat seinen Preis*,
https://doi.org/10.1007/978-3-658-50400-7_2

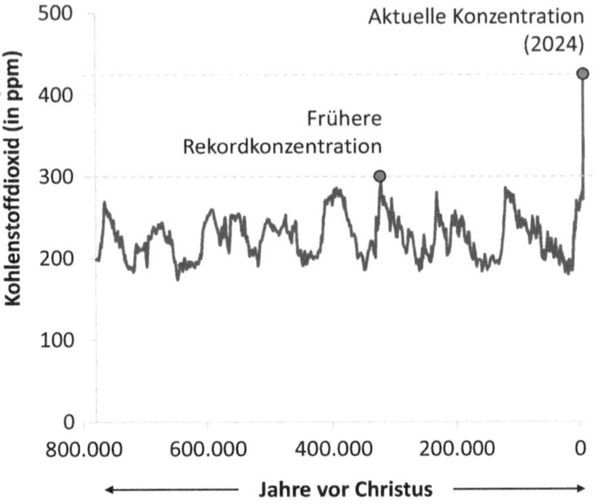

Abb. 2.1 Atmosphärische CO_2-Konzentration in den letzten 800.000 Jahren. (Quelle: Eigene Darstellung in Anlehnung an NOAA (2025); Our World In Data (2025))

Wasser eingelassen – so wie wir kontinuierlich CO_2 in die Atmosphäre ausstoßen. Der Wasserstand zeigt dabei die mittlere globale Durchschnittstemperatur an. Diese steigt nahezu linear zu den kumulierten CO_2-Emissionen. Doch die Badewanne hat keinen Abfluss, denn auch das CO_2 verschwindet nicht einfach wieder. Einmal ausgestoßen, verbleibt Kohlenstoffdioxid bis zu 1.000 Jahre in der Atmosphäre (Buis 2019). Wenn ein Überlaufen verhindert werden soll, muss der CO_2-Zufluss im Saldo also auf null gesenkt werden. Das macht zugleich deutlich: Durch den unbeschränkten Zufluss von Treibhausgasen in die Atmosphäre werden die globalen Lagerstätten übernutzt.

Die Wahrscheinlichkeit und Intensität extremer Wetterereignisse wie Hitzewellen oder Starkniederschläge nimmt mit jedem weiteren Anstieg der Durchschnittstemperatur zu. Im Jahr 2021 veröffentlichte der Weltklimarat (IPCC) in seinem sechsten Bewertungszyklus erstmals ein Kapitel zu Wetter- und Klimaextremen. Dort heißt es: Extreme Hitzeperioden, die vor der industriellen Revolution nur alle 10 Jahre eingetreten sind, werden jenseits der 2 °C-Schwelle sechsmal pro Dekade auftreten. Bei einer Erwärmung der globalen Mitteltemperatur um 4 °C wären solche Hitzewellen fast jährlich zu erwarten. Doch nicht nur Temperaturextreme drohen bei verschiedenen Stufen der globalen Erwärmung im Vergleich zu vorindustriellen Zeiten häufiger zu werden. Auch die Wahrscheinlichkeit nie dagewesener Starkregenereignisse steigt mit der Erderwärmung erheblich an (Abb. 2.2). Ähnliches gilt für Dürren, Änderung der Schneeabdeckung

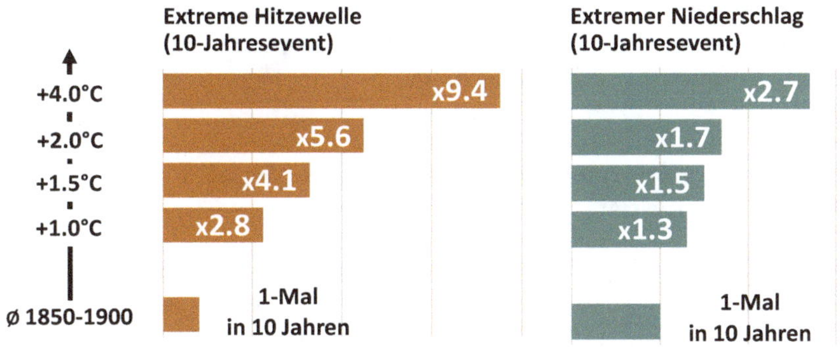

Abb. 2.2 Globale Mitteltemperatur und Wahrscheinlichkeit von Extremwetterereignissen. (Quelle: Eigene Darstellung in Anlehnung an IPCC (2021a))

oder tropische Wirbelstürme (IPCC 2021a). Das zeigt: Jede emittierte Tonne CO_2 trägt zur globalen Erderwärmung und deren klimatischen Konsequenzen bei.

Zur Bestimmung der Kosten einer zusätzlich emittierten Tonne CO_2 haben Ökonom*innen die sozialen Kosten des Kohlenstoffs (*Social Cost of Carbon;* SCC) entwickelt. Erstmals wurden diese von dem US-amerikanischen Ökonom William D. Nordhaus (1991; 1993) quantifiziert. Für die Berechnung der SCC nutzen Forscher*innen Modelle, die verschiedene Indikatoren berücksichtigen (Backman 2021). Zumindest ein Teil der Klimaschäden lässt sich damit als unmittelbarer ökonomischer Verlust bestimmen. Allerdings besteht über die exakte Höhe der SCC in der Wissenschaft Unsicherheit. Denn verschiedene Modelle treffen unterschiedliche Annahmen über ausschlaggebende Faktoren – beispielsweise über die Beständigkeit der Klimaschäden (ob sie also einmalige wirtschaftliche Verluste verursachen oder das Wachstum anhaltend hemmen) und über den Einfluss lokaler Unterschiede in den Klimaveränderungen. Außerdem bleiben einige Schadenskanäle wie zum Beispiel der Verlust von Biodiversität, geopolitische Konflikte oder das Risiko potenzieller Kipppunkte im Erdsystem in vielen Berechnungen unberücksichtigt. Eine Meta-Analyse dokumentiert einen systematischen Trend zu höheren SCC-Bewertungen in der Literatur – vor allem, weil zukünftige Schäden in neueren Arbeiten ethisch stärker gewichtet werden (d. h. niedrigere Diskontierungsraten angesetzt werden); teilweise aber auch aufgrund der gestiegenen Qualität der Forschungsdesigns (Tol 2023). Die US-Umweltbehörde beziffert die SCC für das Jahr 2020 auf 120 bis 340 US$ und projiziert Werte von 200 bis 480 US$ pro Tonne CO_2 bis zur Mitte des Jahrhunderts, abhängig von der

Diskontierungsrate (EPA 2023). Jüngste Studien mit innovativer Methodik legen nahe, dass die SCC unter bestimmten Annahmen über 1.000 US$ pro Tonne CO_2 betragen könnten (Bilal und Känzig 2024).

2.1.2 Internationale Klimaziele und das globale CO_2-Budget

Als Wendepunkt der internationalen Klimapolitik gilt das Abkommen von Paris. Mit ihm verständigte sich 2015 die überwiegende Mehrheit der Industrie-, Schwellen- und Entwicklungsländer darauf, die globale Erderwärmung auf deutlich unter 2 °C und möglichst auf 1,5 °C zu begrenzen. Damit dieses Temperaturziel erreicht wird, fordert das Pariser Abkommen, dass der Scheitelpunkt der weltweiten Emissionen schnellstmöglich erreicht werden soll. Für die zweite Hälfte des 21. Jahrhunderts setzt das Abkommen Klimaneutralität zum Ziel.

Vom Pariser Abkommen geht ein entscheidendes Signal aus: Emissionen aus der Verbrennung fossiler Energieträger und der Entwaldung müssen schnell und umfassend reduziert werden, um den Anstieg der globalen Mitteltemperatur zu verlangsamen. Doch in gewissen Bereichen können Emissionen in absehbarer Zeit nicht umgangen werden. Um zur Mitte des Jahrhunderts Klimaneutralität und Netto-Null-Emissionen zu erreichen, müssen daher unvermeidbare Restemissionen durch den Aufbau von Kohlenstoffsenken ausgeglichen werden. So lässt sich der Temperaturanstieg stoppen. In der zweiten Hälfte des Jahrhunderts wird es notwendig sein, große Mengen Treibhausgase aktiv aus der Atmosphäre zu entfernen und die Erderwärmung so wieder auf ein mit den Pariser Temperaturzielen kompatibles Niveau zu senken (vgl. Abschn. 5.1). Die zentrale Herausforderung der internationalen Klimapolitik lässt sich damit in einer griffigen Formel zusammenfassen: Erwärmung bremsen. Erwärmung stoppen. Erwärmung zurückdrehen.

Weil die Atmosphäre nur ein begrenztes Aufnahmevermögen hat, muss ihre Nutzung fair und effizient organisiert werden. Das erfordert verbindliche Regeln und ein international koordiniertes Vorgehen. Als globales Gemeinschaftsgut darf die Atmosphäre nicht länger wie ein „wilder Deponieraum" behandelt werden. Die Einigung auf ein globales Klimaziel war vor diesem Hintergrund ein entscheidender Schritt, denn durch das Klimaziel werden die Eigentums- und

Nutzungsrechte an der Atmosphäre neu definiert. Konnten zuvor beliebige Mengen an Treibhausgasen emittiert werden, setzt das Pariser Klimaabkommen nun eine strikte Obergrenze für den Emissionsausstoß fest. Der Weltklimarat leitet aus der Erwärmungs-Grenze eine Einsicht von großer wissenschaftlicher und politischer Brisanz ab: Soll der Temperaturanstieg bis 2100 begrenzt werden, steht der Weltgemeinschaft nur ein klar begrenztes Kohlenstoffbudget zur Verfügung.

Diesem begrenzten atmosphärischen Kohlenstoffbudget steht ein Überangebot an fossilen Ressourcen gegenüber – werden diese verbrannt, wird das atmosphärische CO_2-Budget um ein Vielfaches überschritten (Abb. 2.3). Laut jüngsten Berechnungen dürfen für eine Einhaltung des 1,5 °C Ziels mit 50-prozentiger Wahrscheinlichkeit ab 2024 weltweit gerade einmal noch 130 Gigatonnen (Gt) CO_2 in die Atmosphäre abgegeben werden. Bei konstanten Emissionen wäre dieses Budget in etwas mehr als drei Jahren aufgebraucht. Für die Einhaltung der 2 °C-Grenze verblieben der Menschheit ab 2024 gerechnet noch 1.050 $GtCO_2$ (Forster et al. 2025). Mit jedem weiteren Jahr, in dem Emissionen in die Atmosphäre gelangen, schrumpft auch dieses Budget merklich. Sollen die Pariser Zielmarken mit einer größeren Wahrscheinlichkeit getroffen werden, verringert sich der Spielraum.

Anmerkung: Üblicherweise wird der Wortlaut des Pariser Abkommens, der eine Begrenzung der Erderwärmung auf „möglichst" 1,5°C bzw. „deutlich unter" 2°C vorsieht, mit Einhaltungswahrscheinlichkeiten von 50% bzw. über 66% interpretiert (Lamboll et al., 2023; Schleussner et al., 2022). Die Spanne der Ressourcenangaben umfasst gesicherte und zum heutigen Zeitpunkt wirtschaftlich förderbare Reserven sowie nachgewiesene und mögliche („noch zu entdeckende") Ressourcen. Die obere und die untere Grenze beziehen sich auf unterschiedliche Schätzungen der Kohleressourcen. Die Schätzungen für Öl- und Gasressourcen sind zwischen verschiedenen Quellen weitgehend übereinstimmend.

Abb. 2.3 Das globale CO_2-Budget. (Quelle: Aktualisiert von Edenhofer und Kilimann (2023), basierend auf BGR (2024); Forster et al. (2025); Welsby et al. (2021); Design: D. Biermann)

2.2 Der CO_2-Preis im Konzert der Instrumente

Gefährlicher Klimawandel soll verhindert werden – zumindest darin ist sich die Mehrheit der Regierungen und der Weltbevölkerung einig. Was genau eine gelungene Klimapolitik ausmacht, wird jedoch kontrovers diskutiert. Dabei hat der Weltklimarat schon in seinem vierten Sachstandsbericht Kriterien identifiziert, an denen sich eine erfolgreiche Klimapolitik messen lassen muss (IPCC 2007): (1) Effektivität, (2) Effizienz, (3) Machbarkeit sowie (4) die Verteilung von Nutzen und Kosten. Effektiv ist Klimaschutz dann, wenn er den Treibhausgasausstoß auch tatsächlich verringert. Eine Klimapolitik ist effizient, wenn sie ein angestrebtes Ziel zu den geringstmöglichen Kosten verwirklicht. Dieses Kriterium ist wichtig, weil Verschwendung angesichts globaler Knappheiten und Armut kaum zu rechtfertigen ist. Daneben muss eine Klimapolitik umsetzbar bzw. machbar sein. Hierfür muss sich ein Instrument an seiner Legitimität und der gesellschaftlichen Akzeptanz messen lassen. Klimapolitik muss ebenso dem Anspruch genügen, keine allzu große Ungleichheit in der Verteilung von Einkommen und Vermögen zu bewirken, wobei ein besonderes Augenmerk auf die kommenden Generationen und die Belastung von Haushalten mit geringem Einkommen gelegt werden sollte. Keine Klimapolitik erfüllt alle Ansprüche gleichzeitig in vollem Umfang (Goulder und Parry 2008). Die vier gängigsten Instrumente der Klimapolitik, die sich diesem Kriterienkatalog unterwerfen müssen, sind (1) Standards, (2) Subventionen, (3) Verbote und Gebote sowie (4) Preise.

2.2.1 Standards

In der Klimapolitik können Standards den Einsatz bestimmter Technologien oder Produktionsverfahren einfordern. Sie lassen sich flexibel ausgestalten, indem zulässige Grenzwerte festgelegt, die Methoden der Zielerreichung aber offengelassen werden. Im Verkehrssektor setzen viele Länder Standards zur Verringerung des Kraftstoffverbrauchs ein – darunter die USA, China oder Japan (IEA 2021). Auch die EU hat 2015 einen bindenden Flottengrenzwert für neue Pkw festgelegt, der bis 2035 auf null sinken soll. So wurde ein de facto Neuzulassungsverbot von Diesel-Pkw und Benzinern beschlossen (Europäisches Parlament 2023)[1].

[1] Nach Abschluss der Schreibarbeiten hat die EU-Kommission angekündigt, die CO_2-Flottengrenzwerte für Neuwagen abzuschwächen. Statt einer Minderung der durchschnittlichen CO_2-Emissionen neuer Pkw um 100 % gegenüber dem Wert von 2021 sollen diese bis 2035 nur noch um 90 % sinken.

Doch Standards haben ihre Tücken. Einerseits können sie einkommensschwache Haushalte überproportional belasten. Andererseits kann ihre Wirkung schnell konterkariert werden: Durch Effizienzgewinne sinken die Kosten für Produkte oder Dienstleistungen. Das kann dazu führen, dass Nutzer*innen plötzlich mehr verbrauchen und die intendierten Einsparungen teilweise oder gänzlich aufgezehrt werden (Gillingham et al. 2013; Sorrell 2007). Für den Automobilsektor bedeutet dieser sogenannte Reboundeffekt: Zwar haben wir heute effizientere Autos, doch immer mehr Menschen nutzen ihr Auto häufiger und für längere Strecken. Denn schließlich fallen geringere Kosten pro gefahrenen Kilometer an. Wird ein Standard durch eine Verbrauchssteuer ergänzt, kann dieser Reboundeffekt eingedämmt werden (Baranzini et al. 2017; Holland 2012). Gelten Standards ausschließlich für neue Produkte, wie etwa Neuwagen, sinkt der Wert der bestehenden Fahrzeuge nur dann, wenn steigende Benzinpreise – bedingt durch einen höheren CO_2-Preis – die Nutzung der alten Fahrzeugflotte verteuern und somit entwerten (Jacobsen et al. 2023).

2.2.2 Subventionen

Investitionen in grüne Technologien und Produkte sind anfänglich risikoreich und daher teuer. Um einen grünen Kapitalstock aufzubauen, muss der Preis für klimafreundliche Lösungen jedoch in Relation zu fossilen Energieträgern günstiger sein. Politiker*innen versuchen häufig, die Klimawende durch die Einführung von Subventionen zu beschleunigen. In den frühen Jahren der Entwicklung und des Markteintritts gewähren sie Steuervorteile, bezuschussen Kredite oder bieten direkte finanzielle Unterstützungen an. Besonders sinnvoll ist dies, wenn eine öffentliche Förderung die Kosten klimafreundlicher Innovationen senkt und positive gesellschaftliche Effekte fördert (z. B. Claeys et al. 2024). Subventionen und Förderprogramme werden auch eingesetzt, weil CO_2-Preise zu niedrig oder hohe Kohlenstoffpreise politisch nicht gewollt sind. Dabei geht der Umfang der Förderung über die reine technologische Anschubfinanzierung hinaus.

Für eine Klimapolitik, die sich hauptsächlich auf Subventionen verlässt ohne die fossilen Energieträger zu bepreisen, muss der Fiskus jedoch hohe Summen mobilisieren. Außerdem ist eine subventionsgetriebene Politik riskant und stellt enorme Ansprüche an die staatliche Steuerungsfähigkeit (Kalkuhl et al. 2013; Aghion et al. 2024). Denn wenn grüne Technologien Marktanteile gewinnen, fällt die Nachfrage nach fossilen Brennstoffen und damit die Preise von Kohle, Öl und Gas auf den internationalen Ressourcenmärkten (Gerlagh 2011; Sinn 2008). Damit die grünen Technologien dann wiederum gegenüber niedrigpreisigen fossilen Optionen wettbewerbsfähig bleiben, müssen die Subventionen für Batterien, Wasserstoff oder Wärmepumpen entsprechend steigen. Die Tatsache, dass grüne Förderprogramme unter Umständen auch die Nachfrage nach Energie steigern, ist ein wesentlicher Grund für ihre geringere wirtschaftliche Effizienz gegenüber der CO_2-Bepreisung. Darüber hinaus kommt staatliche Unterstützung für grüne Technologien nicht selten verschiedenen Interessen- und Wähler*innengruppen in ungleichem Maß zugute, was wiederum zu ungewollten ökonomischen Effekten führen kann (z. B. Leisinger und Rösel 2020). Zum Teil werden diese aber auch bewusst in Kauf genommen, um so politisch einflussreiche Gruppen zu begünstigen (Edenhofer und Genovese 2024). Die Verteilungswirkung des CO_2-Preises hängt hingegen davon ab, wie die Einnahmen rückerstattet werden (vgl. Kap. 4).

Auch mit Blick auf die Effizienz der Emissionsvermeidung werfen staatliche Subventionen Bedenken auf, denn anders als die CO_2-Bepreisung geben sie praktisch kaum einen Anreiz, die Finanzmittel nach ihrer wirksamsten Verwendung zu priorisieren. Diese Priorisierung ist jedoch essenziell, um Förderprogramme effektiv auszugestalten und ineffiziente Maßnahmen zu vermeiden. Doch auch wenn der politische Wille da ist, gestaltet es sich häufig schwierig, sinnvolle Maßstäbe für eine Priorisierung zu finden. Oft werden Subventionen schlicht anhand der fiskalischen Kosteneffizienz bewertet. Doch die fiskalischen Kosten sind nicht immer eine aufschlussreiche Kenngröße, wie eine genauere Betrachtung des im Zuge der Energiepreiskrise eingeführten Deutschlandtickets zeigt.

Blickt man allein auf die fiskalische Effizienz, käme man zu folgender Überlegung: Das Deutschlandticket hat die Emissionen im Land schätzungsweise um etwa 4–6 Mio. Tonnen CO_2 pro Jahr reduziert (Koch et al. 2025); Bund und Länder haben für das Subventionsprogramm insgesamt rund 3 Mrd. Euro ausgegeben. Der Schluss liegt also nahe, der Staat habe eine Tonne CO_2 zu 500 bis 700 € aus Haushaltsgeldern vermieden. Die sogenannten fiskalischen Vermeidungskosten sind also extrem hoch verglichen mit Preisen im Europäischen Emissionshandel (EU ETS) in Höhe von 50 bis 100 € je Tonne CO_2. Auch für andere Subventionsprogramme schätzen Forschungsarbeiten die fiskalischen Vermeidungskosten auf Beträge im drei- bis vierstelligen Bereich, etwa für die deutsche Solarförderung oder die norwegische Kaufprämie für E-Pkw (Fridstrøm 2021; Marcantonini und Ellerman 2015). Vermeintlich teure Förderprogramme werden deshalb oft pauschal als ineffizient disqualifiziert.

Eine isolierte Betrachtung der fiskalischen Vermeidungskosten zur Abschätzung der volkswirtschaftlichen Kosteneffizienz ist jedoch nicht sinnvoll. Denn wenn das Deutschlandticket Verhaltensänderungen bewirkt, verursacht es auch Nutzen und Kosten für private Haushalte und Unternehmen, die in die Beurteilung einfließen müssen – beispielsweise finanzielle Entlastungen, die sich durch eingesparte Kraftstoff- und Parkkosten ergeben, aber eben gegebenenfalls auch Einbußen durch schwindenden Komfort oder längere Fahrtzeiten.[2] Aussagekräftiger wird die Bewertung, indem man die tatsächliche Lenkungswirkung des Tickets und die damit verbundenen Nutzen und Kosten in den Blick nimmt – indem man also untersucht, wie stark Menschen auf steigende Spritpreise reagieren und dieses Verhalten mit den durch das Deutschlandticket erzielten Emissionseinsparungen ins Verhältnis setzt. Wenn das Deutschlandticket dazu führt, dass weniger mit dem Auto gefahren und stattdessen verstärkt der öffentliche Nahverkehr genutzt wird, ohne dass die Gesamtnachfrage nach Mobilität zunimmt, kommt dies einer volkswirtschaftlichen Lenkungswirkung gleich, wie sie auch eine Erhöhung des CO_2-Preises entfalten würde.[3]

Nach ersten Untersuchungen hat das Deutschlandticket etwa 5 % der deutschen Pkw-Emissionen gesenkt (Koch et al. 2025) und – zumindest kurzfristig – nicht zu einer Zunahme des Gesamtverkehrs geführt. Damit hatte das Deutschlandticket praktisch die gleiche Wirkung wie ein CO_2-Preis zwischen 55 und 65 € pro Tonne, der das Autofahren teurer und damit die Nutzung des ÖPNVs attraktiver gemacht hätte. Weil beide Instrumente äquivalente Verhaltenswirkungen erzielen, erzeugen sie für Haushalte und Unternehmen auch die gleichen Kosten und Nutzen. Das heißt, die beiden Instrumente sind aus klimapolitischer Sicht auch in ihrer volkswirtschaftlichen Effizienz ebenbürtig.

Der Blick auf die fiskalischen Vermeidungskosten von 500 bis 700 € ist daher irreführend und suggeriert eine extreme Ineffizienz des Deutschlandtickets. Noch drastischer würde die Bewertung anhand der fiskalischen Kosten ausfallen, wenn man annimmt, dass das Deutschlandticket keine Verhaltensanpassung bewirkt hätte: Die eingesparten Emissionen wären dann null und stünden Ausgaben in Höhe von 3 Mrd. Euro gegenüber – die fiskalischen Kosten je vermiedener Tonne CO_2 wären unendlich, obwohl das Förderprogramm aus volkswirtschaftlicher Sicht keine zusätzlichen Kosten für Haushalte verursacht hätte. Denn bleibt

[2] Wichtig ist zu betonen, dass volkswirtschaftliche Kosten etwas anderes bezeichnen als fiskalische Kosten. Fiskalische Kosten bezeichnen die Belastung des Staatshaushalts, während volkswirtschaftliche Kosten darüber hinaus die Kosten und Nutzen für Haushalte und Unternehmen sowie Opportunitätskosten (d. h. entgangene Vorteile) und externe Effekte umfassen.

[3] Der wesentliche Unterschied zwischen beiden Instrumenten ist dabei verteilungspolitischer Natur: Durch einen CO_2-Preis fließen finanzielle Mittel von den Bürger*innen an den Staat, beim Deutschlandticket ist das genau andersherum.

eine Verhaltensanpassung aus, stellt das Deutschlandticket lediglich einen Transfer (vom Staat an die Bürger*innen) dar und käme faktisch also einer Entlastung durch eine Steuersenkung gleich.

Die Wirkung von Deutschlandticket und CO_2-Bepreisung ist aber nur dann tatsächlich äquivalent, wenn das Deutschlandticket auch langfristig nicht zu deutlich mehr Gesamtverkehr führt. Das Verkehrsaufkommen könnte dann zunehmen, wenn Menschen infolge sinkender Mobilitätskosten generell längere Wege zurücklegen – etwa indem sie bei der Wahl von Wohnort und Arbeitsplatz größere Pendelstrecken in Kauf nehmen. Ein solcher Reboundeffekt stellt in der Tat einen Effizienzverlust von Förderprogrammen gegenüber der CO_2-Bepreisung dar. Für die Messung der volkswirtschaftlichen Kosten, die CO_2-Einsparungen durch Förderprogramme verursachen, müssen daher die kurz- und langfristigen Verhaltensanpassungen in Betracht gezogen werden. Außerdem gilt es, das Ausmaß der Fehlanreize zu quantifizieren.

Über die Emissionsvermeidung hinaus könnte das Ticket die soziale Teilhabe stärken, indem es Mobilität erschwinglicher macht. Gerade innerhalb großer Städte mit gutem Nahverkehrsnetz ist das ein positiver Nebeneffekt des Deutschlandtickets, der jedoch getrennt von der Klimawirkung betrachtet werden sollte. Denn die klimapolitische Effizienz und die Verteilungswirkung sind generell zwei unterschiedliche Dimensionen – beim Deutschlandticket geht es also nicht nur um die Einsparung von Emissionen, sondern eben auch um die finanzielle Entlastung der Nutzer*innen. Das Deutschlandticket kommt damit einer Einkommenssteuersenkung gleich. Vermutlich profitieren vor allem Pendler*innen in und um Großstädte und wohlhabendere Haushalte – insbesondere dann, wenn in Landkreisen für ärmere Haushalte bereits ein vergünstigtes Sozialticket verfügbar ist. Doch ganz eindeutig lässt sich die Verteilungswirkung des Deutschlandtickets nicht ohne Weiteres bestimmten.

Diese Überlegungen zeigen: Für die Beurteilung der Effizienz von Fördermaßnahmen aus klimapolitischer Sicht sind vor allem die direkten Emissionsminderungen und die Reboundeffekte relevant – Aspekte, die bei der Ausgestaltung vieler Förderprogramme zu wenig beachtet werden. Auch für die Abschätzung der Verteilungswirkungen sind die fiskalischen Vermeidungskosten wenig aussagekräftig. Entscheidend ist vielmehr, wie sich Förderprogramme auf verschiedene Einkommensgruppen auswirken. Beide Dimensionen in einem einzigen Indikator wie der fiskalischen Kosteneffizienz zusammenzufassen und anhand dieses Indikators Förderprogramme zu priorisieren, erweist sich daher als untauglich.

2.2.3 Gebote und Verbote

Verbote sind ein gängiges Instrument der Umwelt- und Klimapolitik. So hat beispielsweise das Verbot von Fluorchlorkohlenwasserstoffen (FCKW) die Zerstörung der Ozonschicht gestoppt und die Belastung durch krebserregende UV-Strahlung auf der Erde verringert. Dieses Verbot konnte zu relativ geringen Kosten durchgesetzt werden, weil eine praktikable Umsetzung rasch möglich war und kostengünstige Ersatzstoffe schnell einsatzbereit wurden. Doch ein Verbot kann volkswirtschaftlich teuer werden, wenn aufwendige Suchprozesse nach Alternativen mit unbekanntem Kostenaufwand notwendig sind. Außerdem kann schon die Ankündigung eines Verbots dazu führen, dass der Verkauf von betroffenen Produkten vor Inkrafttreten der Regulierung noch einmal kräftig steigt – also sogenannte Vorzieheffekte auftreten (Holland et al. 2021). Zwar sind Verbote die einzige Möglichkeit, den Einsatz von schmutzigen Technologien vollends zu unterbinden, jedoch führen sie nicht zwangsläufig zur Wahl der gesellschaftlich günstigsten Minderungsoption (Goulder und Parry 2008).

Außerdem sind Verbote teils aufwendig einzuführen, denn die zu verbietenden Produkte oder Handlungen müssen genau definiert und die Einhaltung der Verbote überwacht werden. Darüber hinaus ist damit zu rechnen, dass Investor*innen und Betreiber*innen Entschädigungen für entgangene Gewinne geltend machen – wie etwa im Fall des deutschen Kohleausstiegs (Tiedemann und Müller-Hansen 2023). Nicht zuletzt verursachen Verbote oft erheblichen gesellschaftlichen Widerstand oder werden populistisch instrumentalisiert. Die von der Ampelregierung verabschiedete Änderung am Gebäudeenergiegesetz ist hierfür das beste Beispiel: In Deutschland entbrannte unter der Ampelkoalition aus SPD, Grünen und FDP eine kontroverse Debatte um Verbote in der Klimapolitik – das geänderte Gebäudeenergiegesetz wurde in der Öffentlichkeit zum „Heizungshammer" stilisiert. Die Fronten schienen klar: Für die einen schützt der Staat die Menschen durch Verbote vor falschen Entscheidungen im Namen des Gemeinwohls. Haushalte hätten, so das Argument, oft Schwierigkeiten, optimale Investitionsentscheidungen zu treffen – etwa wenn ihre Wahrnehmung von Produkteigenschaften verzerrt ist, Informationsdefizite bestehen oder sie ungerechtfertigte Vorbehalte gegenüber neuer Technik haben. Für die anderen greift der Staat mit Verboten unverhältnismäßig in die individuelle Freiheit ein. Auf dieser Seite heißt es, das Instrument sei ökonomisch ineffizient, weil es den Menschen die Möglichkeit nehme, flexibel und entsprechend ihrer persönlichen Lebenslage zu handeln.

Auch wenn diese Standpunkte zunächst unvereinbar scheinen, zeigen aktuelle wirtschaftswissenschaftliche Forschungsarbeiten, dass es einen gemeinsamen Nenner gibt (Edenhofer et al. 2025; Farhi und Gabaix 2020; Gerster und Kramm 2024). Entscheidend ist zunächst die Frage, ob der gesellschaftliche Gesamtnutzen mit Technologieverboten höher ausfällt als ohne. Im Fall der Heizungswende ist dafür ausschlaggebend, welche Abwägungen hinter der Entscheidung für eine Gastherme oder eine Wärmepumpe in verschiedenen Haushaltsgruppen stecken. Stehen gut durchdachte und informierte Kostenüberlegungen im Vordergrund (hohe Entscheidungsqualität) oder dominieren Fehlinformationen und Wahrnehmungsverzerrungen (niedrige Entscheidungsqualität)?

Statt pauschaler Verbote oder blinder *Laissez-Faire*-Politik kann ein differenzierter Kriterienkatalog dabei helfen, die politische Eignung von Verboten sinnvoll einzuschätzen (Edenhofer et al. 2025). Anhand dieser Kriterien können Verbote gezielt dort eingesetzt werden, wo die Entscheidungsqualität niedrig ist. Ein erstes Kriterium im Gebäudesektor könnten die baulichen Umstände sein, denn in Neubauten ist der Einbau erneuerbarer Heiztechnologien klar günstiger, in Bestandsgebäuden ist die Lage nicht so eindeutig. Zweitens muss die lokale Verfügbarkeit von Fachkräften und Material berücksichtig werden – bei Engpässen können Verbote besonders hohe Kosten bedeuten. Dann geht es um die Entscheidungskompetenz: Laien treffen häufig weniger effiziente Entscheidungen als ausgebildete Fachleute. Wenn davon auszugehen ist, dass in der Gesellschaft zu einer bestimmten Frage viel Expertise besteht, braucht es weniger Regulierung. Mehr Regulierung ist wiederum dann notwendig, wenn Investitionskosten und wirksame Einsparungen nicht bei der gleichen Person auftreten (Edenhofer et al. 2025).

Für die Politik lautet die Schlussfolgerung: Regulatorische Eingriffe sollten (nur) dort eingesetzt werden, wo die Kriterien für schlechte Entscheidungsfindung relativ klar erfüllt sind. In vielen Fällen ist die Evidenz dafür noch nicht vorhanden, deswegen sollte die Politik den Kriterienkatalog kontinuierlich weiterentwickeln und durch Pilotprojekte und Evaluierung von Fördermaßnahmen geeignete Indikatoren identifizieren. Gerade in den besonders kontroversen Feldern der Klimapolitik schafft ein solches Vorgehen Vertrauen und Legitimität – und erhöht die Chance, gesellschaftliche Transformationsprozesse erfolgreich zu gestalten.

Denn eines zeigt sich deutlich: Klimaschutz braucht einen langen Atem. Verbote können Wähler*innen und Interessengruppen dazu bringen, stärker in die Zukunft zu denken. Entscheidend ist jedoch, dass entsprechende Maßnahmen konsequent durchgesetzt werden und die Politik keinen abrupten Rückzieher vom

Ausstiegsversprechen aus den fossilen Energien macht. Der Schlüssel für erfolgreichen Klimaschutz liegt also in der langfristigen Verlässlichkeit politischer Entscheidungen (Dolphin et al. 2023). Werden Verbote mit einem CO_2-Preis kombiniert, kann das gelingen. Denn Preise erlauben es nicht nur, Verbote auslaufen zu lassen, wenn kohlenstoffarme Technologien wettbewerbsfähig geworden sind. Sie stellen auch sicher, dass die Emissionen sinken. Häufig ist ein Preis die beste Wahl, wenn es darum geht fossile Altlasten kontinuierlich aus dem Markt zu drängen. Das zeigen Forschungsergebnisse zu einem EU-Neuzulassungsverbot im Pkw-Sektor. Erst zusammen mit einem Kohlenstoffpreis entfaltet sich dessen volle Wirkmacht. Der Preis beeinflusst die Pkw-Nachfrage vor und nach Inkrafttreten der Regulierung. Zeitgleich senkt er die Emissionen der Bestandsflotte (Seibert et al. 2022). Verbote hingegen zielen meist auf den Neuerwerb ab – seien es Verbrenner-Pkws oder Gas- und Ölheizungen. Zwar könnte auch die Nutzung fossiler Technologien direkt verboten werden, doch das ist politisch schwierig. Insbesondere dann, wenn Privathaushalte betroffen sind, könnte ein solches Verbot schnell als Enteignung angesehen werden und Protest nach sich ziehen.

2.2.4 Klimaschutzmaßnahmen richtig kombinieren

In einer groß angelegten Analyse haben Forscher*innen die Wirksamkeit von 1.500 Politikinterventionen untersucht, die in den vergangenen zwei Jahrzehnten in 41 Ländern auf sechs Kontinenten realisiert wurden (Stechemesser et al. 2024). Dabei identifizierte das Team lediglich 63 Fälle, in denen Klimapolitiken zu nennenswerten Emissionsminderungen geführt haben. Das zeigt: Viele Maßnahmen erzielen nicht zwangsläufig gute Ergebnisse. Zwar waren Maßnahmenpakete in der Regel erfolgreicher als einzelne Politikinstrumente, doch ausschlaggebend für effektiven Klimaschutz ist die spezifische Kombination der verschiedenen Instrumente. Der Erfolg der Klimapolitik lässt sich auf einen gemeinsamen Nenner bringen: Subventionen, Standards und Ver- bzw. Gebote sind in vielen Fällen effektiver, wenn sie mit CO_2-Preisen oder Energiesteuern kombiniert werden. Besonders erfolgreich sind Preisinstrumente dort, wo profit-maximierende Firmen miteinander konkurrieren, also vor allem im Industriesektor, aber auch im Stromsektor in Industrieländern. Bemerkenswert ist außerdem, dass sektorübergreifend ausschließlich preisbasierte Instrumente im Durchschnitt als alleinstehende Maßnahme mindestens ähnliche Emissionseinsparungen bewirkt haben wie der Durchschnitt der Politikpakete, die einen CO_2-Preis mit anderen Maßnahmen kombinierten – in einigen Fällen sogar stärkere. Eine Politik, die alleine auf Förderprogramme setzt, bewirkte in den Industrieländern hingegen keine maßgebliche Emissionsminderung. Im Ergebnis bedeutet das: Die CO_2-Bepreisung hat eine entscheidende Lenkungswirkung. Sie ist das bindende Glied einer wirksamen, gut konzipierten Klimapolitik.

Literatur

Aghion, P., Barrage, L., Hémous, D., & Liu, E. (2024). Transition to Green Technology along the Supply Chain. *INSEAD Working Paper No. 2024/15/EPS.* https://ssrn.com/abstract=4771374. Zugegriffen: 15. September 2025.

Backman, I. (2021). *Stanford explainer: Social cost of carbon. Interview with Marshall Burke and Lawrence Goulder.* https://news.stanford.edu/stories/2021/06/professors-explain-social-cost-carbon. Zugegriffen: 15. September 2025.

Baranzini, A., van den Bergh, J. C. J. M., Carattini, S., Howarth, R. B., Padilla, E., & Roca, J. (2017). Carbon pricing in climate policy: Seven reasons, complementary instruments, and political economy considerations. *WIREs Climate Change*, *8*(4), e462.

BGR – Bundesanstalt für Geowissenschaften und Rohstoffe (2024). *BGR Energy Data 2024—German and Global Energy Supplies.* https://www.whymap.org/EN/Themen/Energie/Downloads/energiedaten_2024_en.html?nn=1547192. Zugegriffen: 15. September 2025.

Bilal, A., & Känzig, D. (2024). The Macroeconomic Impact of Climate Change: Global vs. Local Temperature. *NBER Working Paper 32450.* https://www.nber.org/papers/w32450. Zugegriffen: 15. September 2025.

Buis, A. (2019). *The Atmosphere: Getting a Handle on Carbon Dioxide—NASA Science.* https://science.nasa.gov/earth/climate-change/greenhouse-gases/the-atmosphere-getting-a-handle-on-carbon-dioxide/. Zugegriffen: 15. September 2025.

Claeys, G., Mouel, M. L., Tagliapietra, S., Wolff, G. B., & Zachmann, G. (2024). *The Macroeconomics of Decarbonisation: Implications and Policies.* Cambridge: Cambridge University Press.

Dolphin, G., Pahle, M., Burtraw, D., & Kosch, M. (2023). A net-zero target compels a backward induction approach to climate policy. *Nature Climate Change, 13* (10), 1033–1041.

Edenhofer, J., & Genovese, F. (2024). When and why compensation can unlock the green energy transition. *Progressive Politics Research Network Research Brief Series 2: The Political Viability of Climate Policies.* https://politicscentre.nuffield.ox.ac.uk/progressive-politics-research-network/research-briefs/. Zugegriffen: 15. September 2025.

Edenhofer, O. (2023). *Gerechtigkeit und Verantwortung angesichts des Klimawandels. Stellungnahme zur öffentlichen Anhörung des Deutschen Ethikrates.* https://www.ethikrat.org/veranstaltungen/anhoerungen/gerechtigkeit-und-verantwortung-angesichts-des-klimawandels/. Zugegriffen: 15. September 2025.

Edenhofer, O., Gerster, A., Gessner, J., Myers, E., Pahle, M., & Palmer, K. (2025) Targeted policies to break the deadlock on heating bans. *Nature Climate Change, 15*(6), 578–580.

Edenhofer, O., & Kilimann, C. (2023). Governing the Unmanageable? Key Challenges for Climate Politics in the 21st Century. *Human Rights Law Journal, 43*(10–12), 337–346.

EPA – U.S. Environmental Protection Agency (2023). *Report on the Social Cost of Greenhouse Gases: Estimates Incorporating Recent Scientific Advances.* https://www.epa.gov/system/files/documents/2023-12/epa_scghg_2023_report_final.pdf. Zugegriffen: 15. September 2025.

Europäisches Parlament (2023). *Fit for 55: Zero CO_2emissions for new cars and vans in 2035.* https://www.europarl.europa.eu/news/en/press-room/20230210IPR74715/fit-for-55-zero-co2-emissions-for-new-cars-and-vans-in-2035. Zugegriffen: 15. September 2025.

Farhi, E., & Gabaix, X. (2020). Optimal Taxation with Behavioral Agents. *American Economic Review, 110*(1), 298–336.

Forster, P. M., Smith, C., Walsh, T., Lamb, W. F., Lamboll, R., Cassou, C., Hauser, M., Hausfather, Z., Lee, J.-Y., Palmer, M. D., von Schuckmann, K., Slangen, A. B. A., Szopa, S., Trewin, B., Yun, J., Gillett, N. P., Jenkins, S., Matthews, H. D., Raghavan, K., … Zhai, P. (2025). Indicators of Global Climate Change 2024: Annual update of key indicators of the state of the climate system and human influence. *ESSD,17*(6), 2641–2680.

Fridstrøm, L. (2021). The Norwegian Vehicle Electrification Policy and Its Implicit Price of Carbon. *Sustainability, 13*(3), 1346.

Gerlagh, R. (2011). Too Much Oil. *CESifo Economic Studies,57*(1), 79–102.

Gerster, A., & Kramm, M. (2024). Optimal Internality Taxation of Product Attributes. *American Economic Journal: Economic Policy, 16*(3), 394–419.

Gillingham, K., Kotchen, M. J., Rapson, D. S., & Wagner, G. (2013). The rebound effect is overplayed. *Nature, 493*(7433), 475–476.

Goulder, L. H., & Parry, I. W. H. (2008). Instrument Choice in Environmental Policy. *Review of Environmental Economics and Policy, 2*(2), 152–174.

Holland, S. P. (2012). Emissions taxes versus intensity standards: Second-best environmental policies with incomplete regulation. *Journal of Environmental Economics and Management, 63*(3), 375–387.

Holland, S. P., Mansur, E. T., & Yates, A. J. (2021). The Electric Vehicle Transition and the Economics of Banning Gasoline Vehicles. *American Economic Journal: Economic Policy, 13*(3), 316–344.

IEA – International Energy Agency (2021). Vehicle fuel economy in major car markets. *IEA Working Paper 22.* https://iea.blob.core.windows.net/assets/79a0ee25-9122-4048-84fe-c6b8823f77f8/GlobalFuelEconomyInitiative2021.pdf. Zugegriffen: 17. September 2025.

IPCC – Intergovernmental Panel on Climate Change (2007). *Climate Change 2007: Mitigation. Contribution of Working Group III to the Fourth Assessment Report of the Intergovernmental Panel on Climate Change [B. Metz, O. R. Davidson, P. R. Bosch, R. Dave & L. A. Meyer (Hrsg.)].*

IPCC – Intergovernmental Panel on Climate Change (2021a). *Climate Change 2021: The Physical Science Basis. Contribution of Working Group I to the Sixth Assessment Report of the Intergovernmental Panel on Climate Change [Masson-Delmotte, V., P. Zhai, A. Pirani, S.L. Connors, C. Péan, S. Berger, N. Caud, Y. Chen, L. Goldfarb, M.I. Gomis, M. Huang, K. Leitzell, E. Lonnoy, J.B.R. Matthews, T.K. Maycock, T. Waterfield, O. Yelekçi, R. Yu & B. Zhou (Hrsg.)].*

IPCC – Intergovernmental Panel on Climate Change (2021b). *Summary for Policymakers. In: Climate Change 2021: The Physical Science Basis. Contribution of Working Group I to the Sixth Assessment Report of the Intergovernmental Panel on Climate Change [Masson-Delmotte, V., P. Zhai, A. Pirani, S.L. Connors, C. Péan, S. Berger, N. Caud, Y. Chen, L. Goldfarb, M.I. Gomis, M. Huang, K. Leitzell, E. Lonnoy, J.B.R. Matthews, T.K. Maycock, T. Waterfield, O. Yelekçi, R. Yu & B. Zhou (Hrsg.)].*

Jacobsen, M. R., Sallee, J. M., Shapiro, J. S., & van Benthem, A. A. (2023). Regulating Untaxable Externalities: Are Vehicle Air Pollution Standards Effective and Efficient? *The Quarterly Journal of Economics, 138*(3), 1907–1976.

Kalkuhl, M., Edenhofer, O., & Lessmann, K. (2013). Renewable energy subsidies: Second-best policy or fatal aberration for mitigation? *Resource and Energy Economics, 35*(3), 217–234.

Koch, N., Amberg, M., Krämer, A., Wilger, G., & Bongaerts, R. (2025). *Faktencheck Deutschlandticket: Eine Bestandsaufnahme der empirischen Evidenz.* https://ariadneprojekt.de/media/2025/04/Ariadne-Report_Deutschlandticket_April2025.pdf. Zugegriffen: 15. September 2025.

Lamboll, R. D., Nicholls, Z. R. J., Smith, C. J., Kikstra, J. S., Byers, E., & Rogelj, J. (2023). Assessing the size and uncertainty of remaining carbon budgets. *Nature Climate Change, 13*(12), 1360–1367.

Leisinger, C., & Rösel, F. (2020). Kaum mehr als ein Strohfeuer – Evaluationsstudien zu Abwrackprämien im Überblick. *ifo Dresden berichtet,27*(3).

Marcantonini, C., & Ellerman, A. D. (2015). The Implicit Carbon Price of Renewable Energy Incentives in Germany. *The Energy Journal, 36*(4), 205–240.

NOAA – National Oceanic and Atmospheric Administration. (2025). *Climate change: Atmospheric carbon dioxide.* https://www.climate.gov/news-features/understanding-climate/climate-change-atmospheric-carbon-dioxide. Zugegriffen: 15. September 2025.

Nordhaus, W. D. (1991). To Slow or Not to Slow: The Economics of The Greenhouse Effect. *The Economic Journal, 101*(407), 920–937.

Nordhaus, W. D. (1993). Reflections on the Economics of Climate Change. *Journal of Economic Perspectives, 7*(4), 11–25.

Our World In Data. (2025). *Annual concentration of atmospheric carbon dioxide.* https://ourworldindata.org/grapher/co2-long-term-concentration. Zugegriffen: 15. September 2025.

Schleussner, C.-F., Ganti, G., Rogelj, J., & Gidden, M. J. (2022). An emission pathway classification reflecting the Paris Agreement climate objectives. *Communications Earth & Environment, 3*(1), 1–11.

Seibert, D., Bolz, M.-S., Koch, N., & Baldenius, T. (2022). *Ariadne-Analyse: Klima- und Verteilungswirkung eines Verbrenner-Neuzulassungsverbots von Pkw in Deutschland.* https://ariadneprojekt.de/publikation/analyse-klima-und-verteilungswirkung-eines-verbrenner-neuzulassungsverbots-von-pkw-in-deutschland-und-die-rolle-des-co2-preises/. Zugegriffen: 15. September 2025.

Sinn, H.-W. (2008). Public policies against global warming: A supply side approach. *International Tax and Public Finance, 15*(4), 360–394.

Sorrell, S. (2007). *The Rebound Effect: An Assessment of the Evidence for Economy-wide Energy Savings from Improved. UK Energy Research Centre (UKERC) Technology*

Policy Assessment Report. https://d2e1qxpsswcpgz.cloudfront.net/uploads/2020/03/the-rebound-effect-an-assessment-of-the-evidence-for-economy-wide-energy-savings-from-improved-energy-efficiency.pdf. Zugegriffen: 15. September 2025.

Stechemesser, A., Koch, N., Mark, E., Dilger, E., Klösel, P., Menicacci, L., Nachtigall, D., Pretis, F., Ritter, N., Schwarz, M., Vossen, H., & Wenzel, A. (2024). Climate policies that achieved major emission reductions: Global evidence from two decades. *Science, 385*(6711), 884–892.

Tiedemann, S., & Müller-Hansen, F. (2023). Auctions to phase out coal power: Lessons learned from Germany. *Energy Policy, 174,* 113387.

Tol, R. S. J. (2023). Social cost of carbon estimates have increased over time. *Nature Climate Change, 13*(6), 532–536.

Welsby, D., Price, J., Pye, S., & Ekins, P. (2021). Unextractable fossil fuels in a 1.5 °C world. *Nature,597*(7875), 230–234.

Warum sollte CO_2 einen Preis erhalten? 3

3.1 Wenn der Markt versagt

3.1.1 Externalitäten, Marktversagen und ökonomische Effizienz

In der Marktwirtschaft signalisieren Preise die Knappheit von Gütern und Ressourcen. Das Zusammenspiel aus Angebot und Nachfrage ermöglicht ökonomisch effizientes Handeln, wobei Preise die individuellen Entscheidungen der unabhängig voneinander agierenden Markteilnehmer*innen koordinieren. Sie lenken Ressourcen dorthin, wo diese am knappsten sind und motivieren dazu, das Potenzial einer Volkswirtschaft bestmöglich zu nutzen. Diese Selbststeuerung des Marktes soll individuelle Bedürfnisbefriedigung mit einer optimalen gesellschaftlichen Güterversorgung vereinen – eine Idee, die der englische Nationalökonom Adam Smith im 18. Jahrhundert mit seiner Metapher der „unsichtbaren Hand" beschrieb (Smith 2008).

Allerdings können Preise auch unvollständige oder falsche Signale senden, was zu volkswirtschaftlich unerwünschten Ergebnissen führt. Dieses Phänomen wird als Marktversagen bezeichnet. Der Wirtschaftswissenschaftler Nicholas Stern bezeichnete den Klimawandel als den größten Fall von Marktversagen in der Menschheitsgeschichte (Stern 2007). Bereits im Jahr 2006 attestierte die *Stern Review,* eine unter Sterns Führung entstandene Auftragsarbeit für die britische Regierung, dass die Vorteile einer frühzeitigen Bekämpfung des Klimawandels die Kosten des Nichtstuns übersteigen. Doch warum sind wir trotz dieser Einsicht (und anderer eindeutiger klimawissenschaftlicher Erkenntnisse) beim Klimaschutz nicht schon viel weiter?

O. Edenhofer et al., *CO_2 hat seinen Preis,*
https://doi.org/10.1007/978-3-658-50400-7_3

Klimaschutz ist ein öffentliches Gut, von dem alle profitieren – auch jene, die nichts zu seiner Bereitstellung beitragen. Da niemand von stabileren klimatischen Bedingungen ausgeschlossen werden kann, besteht ein Anreiz als Trittbrettfahrer*in von den Anstrengungen aller anderen zu profitieren, ohne selbst aktiv zu werden. Dieses rational-egoistische Verhalten führt letztendlich dazu, dass Emissionen nicht sinken, obwohl genau das im Interesse aller wäre. Beim Klimawandel zeigt sich also ein typisches Strukturmuster, das vielen Kooperationsproblemen zugrunde liegt: Die Entscheidungen Einzelner schädigen Dritte, ohne dass diese Schäden in Preisen reflektiert oder die Geschädigten kompensiert werden. Solche Auswirkungen bezeichnen die Wirtschaftswissenschaften als externe Effekte bzw. externe Kosten, da der entsprechende Effekt samt Kosten außerhalb des Markts liegt. Im umgekehrten Fall können externe Effekte auch positiv sein, etwa durch die Wissensverbreitung aus Forschung und Entwicklung. Denn neue Erkenntnisse oder Technologien nützen nicht nur dem entwickelnden Unternehmen selbst, sondern auch anderen Betrieben oder der Gesellschaft insgesamt.

3.1.2 Die Pigou-Steuer: Der Staat verteuert die Verschmutzung

Die Regierung kann Steuern erheben, die den Preis von umweltschädlichen Aktivitäten erhöhen. Schon vor über 100 Jahren entwickelte der Cambridge Professor Arthur Cecil Pigou in seinem Opus Magnum *The Economics of Welfare* (Pigou 1920) diese Möglichkeiten zur Korrektur und Internalisierung externer Effekte. Pigou stellte sich damit gegen das damals geläufige *Laissez-Faire*-Prinzip, demzufolge der Staat nicht in das Marktgeschehen eingreifen soll, und schrieb diesem die Rolle des Sachverwalters der Geschädigten zu (Edenhofer et al. 2021):

> *„Man kann sich nicht darauf verlassen, dass eine ‚unsichtbare Hand' eine gelungene Anordnung des Ganzen aus einer Kombination getrennter Behandlungen der Einzelteile hervorbringt. Daher ist es notwendig, dass eine Autorität mit größerer Reichweite eingreift und sich mit dem kollektiven Problem der Schönheit, der Luft und des Lichts befasst, so wie auch die anderen kollektiven Probleme von Gas und Wasser angegangen wurden"* (Pigou 1920, *S. 195).*[1]

[1] Im Original: *„No 'invisible hand' can be relied on to produce a good arrangement of the whole from a combination of separate treatments of the parts. It is, therefore, necessary that an authority of wider reach should intervene and should tackle the collective problem of beauty, of air and of light, as those other collective problems of gas and water have been tackled".*

Abb. 3.1 stellt die ökonomischen Effekte einer Pigou-Steuer schematisch dar. Punkt 1 zeigt die Ausgangssituation eines Marktes ohne Steuer an. Das Marktgleichgewicht bildet sich im Schnittpunkt von privaten Grenznutzen und Grenzkosten. Aus Sicht der Emittent*innen ist dieses Marktergebnis vorteilhaft. Doch die Folgekosten des CO_2-Ausstoßes für die Gesellschaft sind nicht im Markt berücksichtigt. Dann wird aus der Perspektive der Gesellschaft zu viel emittiert. Die Pigou-Steuer internalisiert die Externalität, indem sie die verursachende Partei dazu veranlasst, die Kosten der Verschmutzung zu berücksichtigen (Punkt 2). So lange es rentabler ist, Emissionen einzusparen, statt die Steuer zu entrichten, sinkt der Verschmutzungsgrad. Sobald die Steuer dem Schaden einer zusätzliche Tonne CO_2 entspricht (das heißt den *Social Cost of Carbon*), stellt sich das gesellschaftlich optimale Verschmutzungsniveau ein (Punkt 3). Der Wohlstand wächst, denn die vermiedenen Schäden überwiegen die Kosten des Klimaschutzes. Für den Staat bedeutet die Pigou-Steuer Mehreinnahmen, weil sie ein Steueraufkommen geniert (Punkt 4).

Durch eine Pigou-Steuer werden die externen Kosten im Sinne des Verursacherprinzips internalisiert – das bedeutet, dass die Verursacher*innen von Umweltschäden die entsprechenden Kosten tragen und diese nicht auf Dritte abwälzen. Werden Haushalte oder Unternehmen einem einheitlichen Preis auf ihre Emission ausgesetzt, finden Einsparungen dort statt, wo es gesamtwirtschaftlich

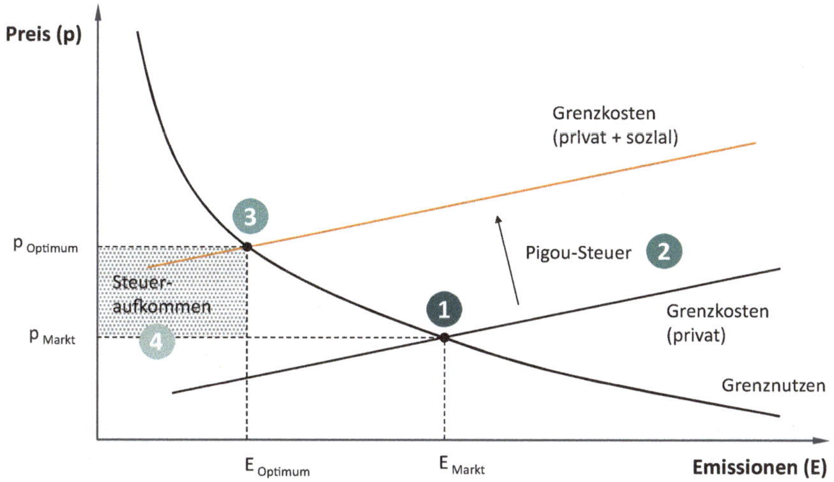

Abb. 3.1 Ökonomische Effekte einer CO_2-Bepreisung. (Quelle: Eigene Darstellung)

am günstigsten ist. Dieser Effizienzgedanke ist für die Klimapolitik unerlässlich, weil der Einsatz von nicht kosteneffizienten Instrumenten bedeutet, dass mit den gleichen Mitteln auf andere Weise mehr CO_2 hätte eingespart werden können.

3.1.3 Der Ansatz von Ronald Coase: Der Staat definiert Eigentumsrechte

Der Ökonom Ronald Coase zeigte 1960, dass nicht zwingend der Staat externe Effekte internalisieren muss (Coase 1960). Verursacher*innen und Geschädigte können ein gemeinsames Interesse daran haben, über die Vermeidung von Schäden zu verhandeln. Damit solche Verhandlungen erfolgreich sind, müssen jedoch Eigentums- bzw. Nutzungsrechte klar definiert, gesichert und frei übertragbar sein. Zudem müssen alle Parteien zu jedem Zeitpunkt über vollständige Informationen verfügen, zum Beispiel mit Blick auf die Höhe der Schäden. Für ein effizientes Ergebnis – das durchaus von einem fairen Ergebnis abweichen kann – ist es dabei nicht entscheidend, wie diese Rechte zwischen Verursacher*innen und Geschädigten verteilt sind. Wenn es für den oder die Verursacher*in teurer ist, ein Umweltproblem zu vermeiden, kann er oder sie der geschädigten Partei eine Kompensationszahlung anbieten (Verursacherprinzip). Dies wäre beispielsweise der Fall, wenn der Betreiber eines Kohlekraftwerkes den Anwohner*innen eine Entschädigung für die lokale Luftverschmutzung zahlen würde. Die Geschädigten müssen einschätzen können, wie hoch eine angemessene Entschädigungszahlung für den entstehenden Schaden aus ihrer Sicht ausfallen sollte (die sogenannte *Willingness-to-Accept,* WTA). Ebenso können sie angeben, welchen Betrag sie zu zahlen bereit wären – etwa für eine bessere Luftqualität oder eine Verringerung schädlicher Emissionen (die sogenannte *Willingness-to-Pay,* WTP). Welches der beiden Konzepte zur Anwendung kommt, ist letztendlich eine ethische Entscheidung. Denn während für die WTA das verfügbare Einkommen der Haushalte keine Bedeutung hat, setzt es der WTP klare Grenzen. So ist auch in der Regel die WTA höher als die WTP.

Umgekehrt könnten auch die Geschädigten dem Verursacher Geld zahlen, damit er die Verschmutzung reduziert (Geschädigtenprinzip). Hier würden die Anwohner*innen den Kraftwerksbetreiber dafür bezahlen, dass er die Emissionen vermindert. Die meisten Menschen würden die Anwendung des Verursacherprinzips intuitiv als gerecht empfinden, das Geschädigtenprinzip hingegen als ungerecht. Coase würde hier nicht widersprechen. Er wäre nur der Auffassung, dass unter bestimmten Bedingungen Effizienz von Gerechtigkeit getrennt betrachtet werden kann. Das hat gravierende Vorteile: Wenn nämlich analytisch die Trennung von Effizienz und Verteilung möglich ist, dann können sich Politiker*innen für eine effiziente Lösung entscheiden und zugleich Eigentumsrechte so zuteilen, dass dies entweder Gerechtigkeitskriterien entspricht oder die Chancen der Durchsetzung erhöht – beispielsweise, indem Interessengruppen mit großer Vetomacht, also Akteure, deren Zustimmung für die Durchsetzung einer Maßnahme notwendig ist, kompensiert werden.

Diese Einsicht haben Ökonom*innen genutzt, um den Emissionshandel zu entwickeln, das sogenannte *Cap-and-Trade*-System. Der Staat setzt dabei eine Obergrenze für Emissionen *(Cap)* fest und definiert damit Verschmutzungs- bzw. Eigentumsrechte. Diese Rechte müssen mithilfe des staatlichen Gewaltmonopols durchgesetzt werden. Wer Emissionen verursacht, aber keine Rechte dafür besitzt, wird bestraft, da ansonsten die Obergrenze nicht eingehalten wird. Diese Verschmutzungsrechte können gehandelt werden *(Trade)*. Der Grund: Unternehmen, die Emissionen kostengünstig vermeiden können, verkaufen ihre Rechte und profitieren so wirtschaftlich. Unternehmen, für welche die Vermeidung teurer ist, kaufen die Rechte. So bildet sich ein Gleichgewichtspreis, der garantiert, dass die Emissionsgrenze zu minimalen Kosten eingehalten wird.

Damit der Handel funktioniert, müssen die Verschmutzungsrechte zunächst auf die Unternehmen verteilt werden. Hier greift erneut die Idee von Coase: Wie diese Rechte verteilt werden, ist für das Erreichen eines effizienten Marktergebnisses irrelevant (auch wenn es aus der Perspektive der beteiligten Parteien und der Fairness von Bedeutung ist). Der Staat kann die Zertifikate beispielsweise auf Basis historischer Emissionen verteilen *(Grandfathering)*, anhand bestimmter Standards hinsichtlich der Treibhausgasintensität einer Anlage oder eines Produkts vergeben *(Benchmarking)* oder in einer Auktion versteigern. Solange genügend Wettbewerb auf dem Markt herrscht, beeinflusst die anfängliche Verteilung der Zertifikate die effiziente Preisbildung nicht. Interessanterweise scheint diese Voraussetzung im Europäischen Emissionshandel erfüllt zu sein, wie eine aktuelle empirische Studie zeigt (Zaklan 2023). Für die Durchsetzung des Emissionshandels hat dies unschätzbare Vorteile: Selbst wenn mächtige Industrieverbände bei der Verteilung ihre Interessen durchsetzen, eine freie (also für sie kostenlose) Zuteilung erwirken und damit ihre Gewinne erhöhen, bleibt die Effizienz des Emissionshandels erhalten. Im Europäischen Emissionshandelssystem werden diese freien Zuteilungen ab 2026 schrittweise zurückgefahren und durch Auktionen bzw. den EU-Grenzausgleichsmechanismus (*Carbon Border Adjustment Mechanism*, CBAM) ersetzt (vgl. Abschn. 5.2).

3.1.4 Der Vergleich von Steuer und Emissionshandel

Nach ökonomischer Theorie können Steuer und Emissionshandel zu einem gleichwertigen Marktergebnis führen, weil sie die Entscheidung zur Emissionsminderung auf die Verursacher*innen selbst übertragen. Sie verfolgen auch beide das Ziel einheitlicher CO_2-Preise und minimieren die Gesamtkosten der CO_2-Senkung. Zudem generieren Steuer und Emissionshandel ein Aufkommen, das zurückverteilt werden kann, um verteilungspolitische Auswirkungen der CO_2-Bepreisung zu adressieren (vgl. Abschn. 4.2). Kennt der Staat die Kosten der Verschmutzung und Klimaschäden nicht, können beide Instrumente jedoch unterschiedlich wirken.

Sind die gesellschaftlichen Vorteile der Emissionsreduktion sehr hoch, die Kosten der Einsparung aber nur moderat, ist ein Zertifikatshandel vorteilhafter, da hier die Emissionsmenge direkt begrenzt werden kann. Steigen die Kosten zusätzlicher Vermeidung hingegen stark an, während die Vorteile für die Gesellschaft nur geringfügig wachsen, sollte eine Steuer bevorzugt werden. Denn die Preissteuerung vermindert das Risiko extrem hoher Vermeidungskosten, da diese nie über den Steuersatz hinaus steigen (Edenhofer et al. 2019; Weitzman 1974).

Steuer und Emissionshandel können sich auch in ihrer verteilungspolitischen Wirkung unterscheiden. Das ist dann der Fall, wenn im Emissionshandel die Emissionsrechte nach dem *Grandfathering*-Prinzip (also basierend auf den historischen Emissionen von Unternehmen) verteilt werden, während im Falle der Steuer grundsätzlich kein solcher Verteilungsschlüssel zur Anwendung kommt – sodass die Belastung proportional zu den aktuellen Emissionen anfällt und es zu keiner Bevorteilung historischer Emittenten kommt. Werden Zertifikate auf Grundlage historischer Emissionen verteilt, können Unternehmen eine beträchtliche Rente[2] einstreichen. Bei der Steuer wird diese Rente abgeschöpft und in den Staatshaushalt überführt, auch wenn es denkbar ist, dass der Staat Unternehmen mit hohen Emissionen eine Steuerbefreiung gewährt (Stavins 2022). Allerdings kann auch die Zuteilung im Emissionshandel so gestaltet werden, dass Steuer und *Cap-and-Trade*-System eine äquivalente Verteilungswirkung haben – nämlich dann, wenn die Zertifikate im Emissionshandel auktioniert werden (Goulder und Schein 2013). Es gibt jedoch eine grundlegende Voraussetzung dafür, dass Steuer und Emissionshandel gleiche Ergebnisse hervorbringen: Natürlich muss

[2] Eine ökonomische Rente ist eine Zahlung oder ein Vorteil, der über dem „regulären“ Wert eines Produktionsfaktors (wie Arbeit, Boden oder Kapital) liegt.

der Wettbewerb auf den Märkten funktionieren (Elkins und Baker 2001; Goulder und Schein 2013).

Grundsätzlich können beide Instrumente also äquivalent ausgestaltet werden. Der Unterschied liegt nicht darin, dass die Steuer einer starken staatlichen Intervention bedarf und der Emissionshandel ohne Staat funktionieren kann. Vielmehr unterscheiden sich die Arten der Intervention: Bei der Steuer legt die Politik den Preis fest und muss die Steuersätze im Zeitverlauf anpassen. Beim Emissionshandel definiert sie die CO_2-Menge und muss die Obergrenze verlässlich einführen und beibehalten (Edenhofer et al. 2019). Bei der Steuer entstehen Renten durch Steuerbefreiungen, beim Emissionshandel durch die Anfangsausstattung. In der Praxis sind es daher oft nicht die ökonomischen Argumente, sondern politische oder rechtliche Gründe, die für die Entscheidung für eines der beiden Systeme ausschlaggebend sind.

In der EU wurde 2005 beispielsweise ein Emissionshandelssystem eingeführt und eine CO_2-Steuer abgelehnt. Der Grund dafür war einerseits, dass für Steuern Einstimmigkeit unter den EU-Mitgliedstaaten erforderlich ist. Der Emissionshandel konnte hingegen durch eine qualifizierte Mehrheit beschlossen werden (Delbeke 2024) – also durch 55 % der Mitgliedstaaten mit 65 % der EU-Gesamtbevölkerung. Andererseits hat die freie Zuteilung von Emissionszertifikaten eine wichtige Rolle gespielt, den Widerstand von Unternehmen zu verringern (Genovese und Tvinnereim 2019). Auch in Kalifornien, Deutschland und Großbritannien waren konstitutionelle oder politische Erwägungen entscheidend für die Wahl des jeweiligen Instruments (Parry et al. 2022). Weltweit haben sich neben dem Emissionshandelssystem und der Steuerlösung auch hybride Ansätze als praktikable Lösungen erwiesen (vgl. Abschn. 3.2).

3.1.5 Verhaltensökonomische Einwände gegen Steuer und Emissionshandel

Die vorherigen Abschnitte zeigen, dass Markt und Staat Umweltprobleme lösen können. Verhaltensökonomische Studien werfen jedoch die Frage auf, ob die Verbindlichkeit dieser Instrumente gleichzeitig einen gravierenden Nachteil birgt – könnten sie die intrinsische Motivation zum Klimaschutz untergraben und Klimapolitik letztlich wirkungslos machen? Der Ökonom Samuel Bowles hat es treffend formuliert: Gute Anreize allein reichen nicht aus, um eine gute Gesellschaft zu schaffen. Denn üble Charaktere können durch Kontrolle nicht zu engelgleichem Altruismus gezwungen werden. Aber genau das setzt die neoklassische ökonomische Theorie voraus, wenn sie davon ausgeht, dass Verträge so genau spezifiziert werden können, dass zum Beispiel nicht nur Betrug und Lüge ausgeschlossen werden können, sondern gar tugendhaftes Verhalten gewährleistet ist, solange dies in Verträgen vereinbart wurde. Es ist offenkundig, dass der Markt für Gebrauchtwagen oder die Bauwirtschaft nahezu perfekt funktionieren würden, wenn es solche Verträge gäbe. Schlimmer noch: Markt und Staat untergraben unter Umständen die moralischen Ressourcen einer Gemeinschaft (Bowles 2016), weil sich Menschen auf anonyme Institutionen verlassen, anstatt selbst Notleidenden Hilfe anzubieten oder den eigenen Müll wegzuräumen.

Die neoklassische Wohlfahrtstheorie setzt voraus, was in der Realität nicht gegeben ist: genau spezifizierte Verträge, die sich (ohne Abstriche) durchsetzen lassen. Die Theorie erweckt den Eindruck, Betrug und unsoziales Verhalten könnten gänzlich vermieden werden, solange nur die Anreize stimmen. Doch diese Perspektive wurde wissenschaftlich modifiziert. Zunehmend wird eine Erkenntnis im Einklang mit der aristotelischen Sozialphilosophie betont: Ohne Tugend scheitern auch die besten Anreize, weil Verträge eben nicht vollständig spezifiziert werden können. Bei aller Notwendigkeit eines soliden, staatlich definierten Rahmenwerks kommt es also immer auch auf die individuelle Kooperationsbereitschaft an.

Die Kernfrage in unserem Kontext lautet somit: Unterminieren Steuern oder der Emissionshandel die Bereitschaft zu Kooperation und zu Handlungen im Sinne des Allgemeinwohls?[3] Ökonomen haben dies in einem Experiment untersucht (Ockenfels et al. 2020). Dabei wurde einigen Proband*innen die Rolle von Produzent*innen zugewiesen, die unabhängig voneinander bestimmen sollten, wie hoch ihre Zahlungsbereitschaft für die Emission einer Tonne CO_2 ist. Der wirtschaftliche Ertrag aus der emissionsverursachenden Aktivität wurde dabei individuell variiert. Ihnen gegenüber stand eine Gruppe von sogenannten Entscheider*innen. In einem Teil des Experiments legten diese fest, wie viele Tonnen CO_2 insgesamt emittiert werden durften. In einem anderen Teil bestimmten sie den Preis für den Ausstoß einer Tonne CO_2. Am Ende erhielten die Produzent*innen ihren Ertrag abzüglich der Emissionskosten in echtem Geld und jede nicht emittierte Tonne CO_2 wurde real vermieden. Sobald den Beteiligten diese Konsequenzen bekannt waren, senkten die Entscheider*innen den erlaubten

[3] In verschiedenen Untersuchungen und Experimenten haben Wissenschaftler*innen hinterfragt, ob und wie Märkte die Motivation der Menschen untergraben, Sorge für die sozialen Auswirkungen ihres Handelns zu tragen. Für eine (unsystematisch) ausgewählte Reihe von Beiträgen zu dieser Frage siehe z. B. Agneman und Chevrot-Bianco (2023); Bartling et al. (2015, 2023); Falk und Szech (2013); Kirchler et al. (2016); Sutter et al. (2020).

CO_2-Ausstoß deutlich ab. Auch die Produzent*innen bemühten sich weniger um die Emissionserlaubnis – und verzichteten damit auf wirtschaftlichen Ertrag. So konnten die Ökonomen zeigen, dass Preise durchaus die intrinsische Motivation für umweltfreundliches Verhalten steigern und die Kooperation stärken: Wenn ich Emissionen vermindern will, dann zähle ich darauf, dass andere ihre Emissionen nicht im Gegenzug ungebremst erhöhen – genau das sichert der Preismechanismus zu, der grundsätzlich auf allen Seiten Verbindlichkeit schafft und so dafür sorgt, dass sich die individuellen Anstrengungen aufaddieren.

Im Emissionshandel tritt im Vergleich zur Steuerlösung jedoch ein Problem auf. Durch den sogenannten Wasserbetteffekt werden freiwillige Emissionsreduktionen weitgehend neutralisiert. Denn wenn ein Emittent*in Emissionen reduziert, sinkt der Preis für Emissionszertifikate. Dann wird es für andere günstiger, zusätzliche Emissionsrechte zu erwerben (Edenhofer et al. 2019). Letztendlich profitiert das Klima nicht. Ein Mindestpreis im Emissionshandel könnte dieses Problem adressieren. Er würde verhindern, dass Preise unter ein bestimmtes Niveau fallen und so freiwillige Anstrengungen unterlaufen. Politisch bedeutsam ist die folgende Erkenntnis: Bei kluger Ausgestaltung unterminieren weder Steuer noch Emissionshandel die Bereitschaft zum Klimaschutz.

3.2 Warum der CO_2-Preis politisch umsetzbar ist

3.2.1 Der Weg der EU zum Emissionshandel

In der EU war es nicht einfach, die notwendigen politischen Mehrheiten für die CO_2-Bepreisung zu gewinnen. Eine CO_2-Steuer drohte am Einstimmigkeitsprinzip des Europäischen Rates zu scheitern. Doch der Emissionshandel stellte sich schlussendlich als praktikabler Weg heraus (Delbeke 2024; Genovese und Tvinnereim 2019). Einerseits bot er den Staats- und Regierungschefs politische Vorteile: Die anfängliche Zuteilung von Emissionsrechten basierend auf den historischen Emissionen begünstigte etablierte Unternehmen und schützte sie vor Wettbewerbsnachteilen. Außerdem gewährte er den nationalen Regierungen genug Flexibilität, um ihre eigene Klima- und Energiepolitik fortzuführen. Andererseits reichte für den Beschluss des Emissionshandels eine qualifizierte Mehrheit unter den EU-Staaten. Von 2005 bis 2007 startete der erste Europäische Emissionshandel (EU ETS1) schließlich mit einer Pilotphase.

Heute ist der EU ETS das Herzstück des europäischen Klimaschutzes. Das System umfasst mehr als 15.000 Anlagen der Energiewirtschaft und energieintensiven Industrie sowie den Seeverkehr und den innereuropäischen

Luftverkehr (EEA 2024; UBA 2024b). Er deckt rund 36 % der Emissionen in Europa[4] ab (Europäische Kommission 2023). Zwischen 2005 und 2023 konnten die Emissionen unter dem EU ETS um 48 % gesenkt werden – ohne negative Auswirkungen auf die Profite der regulierten Firmen oder auf die Beschäftigung (Europäische Kommission 2024b; Dechezleprêtre et al. 2023).

Der Preis für Emissionsrechte im EU ETS stieg zeitweise auf über 100 € pro Tonne CO_2. Das ist durchaus bemerkenswert, weil der Preis über viele Jahre um ein Vielfaches niedriger war. Besonders in den Jahren nach der Finanzkrise verharrten die Preise lange bei deutlich unter 10 € pro Tonne CO_2. Verantwortlich für die niedrigen Preise im EU ETS war eine Kombination mehrerer Faktoren: die Nachwirkungen der globalen Rezession von 2008, die extensive Nutzung internationaler CO_2-Gutschriften sowie der wachsende Anteil erneuerbarer Energien (z. B. Koch et al. 2014; Flachsland et al. 2020). Das Rekordhoch im Jahr 2023 und ein anhaltend stabiler Preis von deutlich über 50 € je Tonne CO_2 in den Folgejahren zeigen, dass sich der Markt für Emissionszertifikate seither stabilisiert hat. Dieser Erfolg ist auch dem politischen Reformwillen der EU-Gesetzgeber*innen zu verdanken, denn durch die Verschärfung der Emissionsobergrenze wurde die Glaubwürdigkeit des Systems erheblich gestärkt (Flachsland et al. 2020; Sitarz et al. 2024). Diesen richtungsweisenden Schritt machte die EU vor allem mit der letzten Novelle im Rahmen des *Fit-for-55*-Pakets.

Dieses Maßnahmenpaket präsentierte die EU-Kommission im Jahr 2021, um das jüngst verschärfte Ziel des Europäischen Klimagesetzes für 2030 umzusetzen. Demnach sollen die Treibhausgasemissionen der EU bis 2030 um 55 % im Vergleich zum Niveau von 1990 sinken – eine deutlich ambitioniertere Minderung als die zuvor angestrebten 40 %. Um dieses Ziel zu erreichen, wurde der Emissionshandel erheblich gestärkt und als zentrales Element der europäischen Klimaschutzstrategie verankert. Unter anderem wurde mit dem *Fit-for-55*-Reformpaket beschlossen, die Marktstabilitätsreserve (einen Sicherheitsmechanismus für die Preisstabilität im Emissionshandel) anzupassen, kostenlose Emissionszertifikate schrittweise abzuschaffen und das Ambitionsniveau des ETS durch stärkere jährliche Emissionsminderungen zu verschärfen (Abb. 3.2). Außerdem beschloss die EU, das CO_2-Preissignal mit der Einführung eines neuen Emissionshandelssystems auf weitere Sektoren auszuweiten.

[4] Die Referenzmenge sind hier die Emissionen der 27 EU-Staaten plus die Emissionen Norwegens, Islands und Liechtensteins.

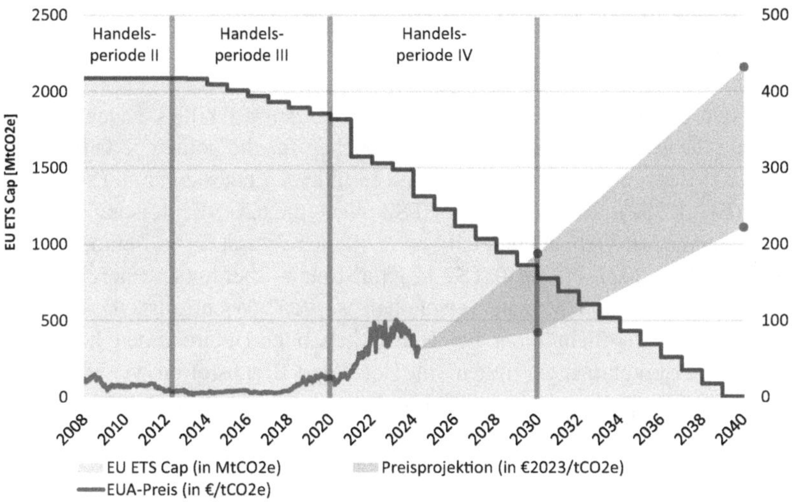

Abb. 3.2 EU ETS Cap, Handelsperioden und EU-Zertifikatspreise (EUA-Preise). (Quelle: Edenhofer und Leisinger (2024))

Die Modernisierung des Europäischen Emissionshandels durch das *Fit-for-55*-Paket ist nicht die erste Anpassung des EU-Kohlenstoffmarkts. Seit seiner Einführung wurde das EU ETS stetig weiterentwickelt. Dabei spielte neben der Strenge der Emissionsobergrenze auch das Ausmaß der Versteigerung von Emissionszertifikaten eine zentrale Rolle: Das System entwickelte sich von einer fast vollständigen kostenlosen Zuteilung hin zu einer überwiegenden Versteigerung der Zertifikate (Europäische Kommission 2024a). Das stellt nicht nur eine Umsetzung des Verursacherprinzips dar, sondern es werden auch erhebliche Einnahmen generiert, die zur Förderung von Innovationen, zur Modernisierung von Energiesystemen oder zur Bewältigung sozialer Herausforderungen (vgl. Kap. 4) eingesetzt werden können. Durch die kontinuierliche Modernisierung des EU ETS ist es Europa bisher gelungen, die CO_2-Bepreisung auch in politischen Krisenjahren unbeirrt weiterzuführen (Delbeke 2024). Doch im Lichte künftiger Herausforderungen werden schon in den kommenden Jahren weitere Reformen folgen müssen (vgl. Kap. 5).

3.2.2 Bekenntnis zur CO_2-Bepreisung inmitten der Energiekrise

Inmitten der Energiekrise infolge des russischen Angriffskriegs gegen die Ukraine setzte die EU ein weiteres wichtiges Zeichen für die politische Umsetzbarkeit der CO_2-Bepreisung und beschloss die Einführung eines zweiten Emissionshandels (EU ETS2). Mit dem EU ETS2 wird die CO_2-Bepreisung auf den Straßenverkehr, den Gebäudebereich sowie kleinere zusätzliche Sektoren[5] ausgeweitet. Im Jahr 2027 soll das ETS2 in Kraft treten – bei hohen Energiepreisen kann der Start um zwölf Monate verschoben werden[6]. Wichtig ist, dass die Berichts- und Handelspflicht nicht bei Haushalten oder Unternehmen liegt, sondern bei den Inverkehrbringer*innen von Heiz- und Brennstoffen wie Mineralölraffinerien und Erdgaslieferant*innen. Insgesamt werden mit der Einführung des ETS2 etwa 75 % der europäischen Treibhausgase direkt von einem CO_2-Preis erfasst (ESABCC 2024).

Es gab erhebliche Bedenken gegenüber einem zusätzlichen Emissionshandel im Straßenverkehr und Gebäudebereich. Umwelt- und Sozialverbände warnten vor der sozialen und politischen Sprengkraft hoher CO_2-Preise beim Heizen und in der Mobilität (Runkel et al. 2022). Der französische EU-Politiker Pascal Canfin bezeichnete einen CO_2-Preis für Heiz- und Kraftstoffe sogar als „politischen Selbstmord" (Bauer-Babef und Taylor 2021). Ausschlagend für einen Kompromiss war die Eigenschaft der CO_2-Bepreisung, Einnahmen zu generieren: Die EU beschloss, die sozialen Auswirkungen (vgl. Kap. 4) des neuen ETS2 über einen Klima-Sozialfonds zu adressieren. Der Fonds soll bereits ab 2026 – also schon vor dem Inkrafttreten des EU ETS2 – eingerichtet werden und Gelder für soziale Belange sowie den Umstieg auf klimafreundliche Alternativen bereitstellen. Länder mit geringerer Wirtschaftskraft werden durch diesen Fonds stärker unterstützt als reichere EU-Länder (Pahle 2024).

Darüber hinaus haben die europäischen Gesetzgeber*innen für die Anfangsjahre des ETS2 Vorkehrungen zur Preissenkung vorgesehen. Sollte der Preis in einem festgelegten Zeitraum zu schnell steigen oder die Marke von 45 € je Tonne

---

[5] Neben dem Gebäudebereich und Straßenverkehr werden im ETS2 kleinere Energie- und Industrieanlagen erfasst, die vom ETS1 bisher ausgenommen sind (EU, 2003; EU, 2023).

[6] Nach dem Abschluss der Schreibarbeiten einigten sich die EU-Mitgliedstaaten und das Europäische Parlament im Rahmen der Verhandlungen über das EU-Klimagesetz darauf, die Einführung des EU ETS2 auf 2028 zu verschieben, um mehr Zeit für die Vorbereitung auf den zusätzlichen CO_2-Preis zu haben.

CO_2 (plus Inflation) übersteigen, wird das Angebot an Emissionsrechten erhöht. Ob solche Eingriffe bei starker Nachfrage nach Zertifikaten Einfluss auf die Preisbildung haben, bleibt jedoch ungewiss (Graichen und Ludig 2024). Welches Preisniveau sich im ETS2 tatsächlich einstellt, hängt maßgeblich von der Wirksamkeit ergänzender Maßnahmen sowie von der politischen Entschlossenheit ab, die Emissionsgrenzen konsequent einzuhalten – laut Modellrechnungen liegt die denkbare Preisspanne für das ETS2 im Jahr 2030 bei 60 bis 380 € je Tonne CO_2 (Günther et al. 2024; Pahle 2024).

3.2.3 Von der Theorie zur Praxis – CO_2-Preise in Deutschland und der Welt

Im Jahr 2019 brachten in Deutschland Hunderttausende das Thema Klimaschutz durch ihre Streiks und Proteste auf die politische Tagesordnung des Landes. Die damalige Bundeskanzlerin Angela Merkel berief ein Klimakabinett ein, um die politischen Optionen zu erörtern – denn es zeichneten sich bereits erhebliche Lücken bei der Erfüllung der Klimaziele 2030 ab. Im Auftrag des Sachverständigenrats zur Begutachtung der gesamtwirtschaftlichen Entwicklung lieferte ein gemeinsames Sondergutachten des Potsdam-Instituts für Klimafolgenforschung und des *Mercator Research Institute on Global Commons and Climate Change* (MCC) in Berlin fachliche Impulse für die politische Debatte über die CO_2-Bepreisung. Es wurden Kosten berechnet und die verteilungspolitischen Konsequenzen bewertet (Edenhofer et al. 2019, 2020). Gemeinsam mit dem damaligen Vorsitzenden des Sachverständigenrats, Christoph Schmidt, wurden die Ergebnisse im Bundeskabinett vorgestellt und diskutiert. Begleitet wurde die Diskussion von einer intensiven Debatte über die geeignete Ausgestaltung: auf der einen Seite die Verfechter*innen der CO_2-Steuer, auf der anderen die Fürsprecher*innen des Emissionshandels. Im Spätsommer 2019 beschloss die Bundesregierung schließlich, ab 2021 einen nationalen Brennstoffemissionshandel (BEH) für die Sektoren Wärme und Verkehr als neues Instrument einzuführen.

Die Bezeichnung des deutschen Systems als Emissionshandel kann irritieren, denn der BEH startete mit einem Festpreis von zunächst 25 € pro Tonne CO_2. Das Preisniveau wurde seit der Einführung schrittweise erhöht und stieg zu Beginn des Jahres 2025 auf 55 € pro Tonne. Ab 2026 ist eine Versteigerung in einem definierten Preiskorridor zwischen 55 und 65 € vorgesehen, bevor das System nach dessen Einführung in das EU ETS2 übergeht (BMWK 2024; 2025). Das deutsche Modell kombiniert also die Vorteile von Emissionshandel und Preissteuerung in einem hybriden System. Dabei setzt es auf eine flexible, fehlertolerante Grundstruktur: Ein dynamisch ansteigender Preispfad oder -korridor begrenzt einerseits das Risiko übermäßiger sozialer und ökonomischer Kosten, die politisch nicht tragbar wären. Andererseits wird verhindert, dass sehr niedrige Preise die Glaubwürdigkeit des Klimaschutzes untergraben (Edenhofer et al. 2020). Für Deutschland hat sich das Hybridsystem als Türöffner für die Einführung eines nationalen CO_2-Preises erwiesen.

Auch außerhalb Deutschlands und der EU setzen Regierungen beim Klimaschutz zunehmend auf die Bepreisung von CO_2. So verfügen beispielsweise Südkorea, Kasachstan, Neuseeland und Mexiko über Emissionshandelssysteme. China führte zunächst regionale Pilotprojekte ein, um unterschiedliche Gestaltungsoptionen zu testen, und hat 2021 (parallel zum Fortbestehen der Pilotsysteme) ein nationales Emissionshandelssystem etabliert. In Nordamerika setzt Kanada auf einen hybriden Ansatz aus regionaler Flexibilität und föderaler Kontrolle über Industrieemissionen. Und selbst die USA haben – trotz Skepsis gegenüber preisbasierter Regulierung auf nationaler Ebene – in einzelnen Bundesstaaten wie etwa Kalifornien erfolgreiche Emissionshandelssysteme, die von den jeweiligen Regierungen voraussichtlich auch gegen die nationale Anti-Klimapolitik von Präsident Donald Trump verteidigt werden. Chile, Argentinien, Kolumbien und Südafrika – um nur einige Beispiele zu nennen – regulieren ihre Emissionen über eine Steuer (World Bank 2025; ICAP 2025). In Summe hat das dazu geführt, dass heute über ein Viertel der weltweiten Emissionen einen Preis haben (Abb. 3.3). Und das obwohl die kanadische Regierung jüngst Vorgaben für Provinzen zur CO_2-Bepreisung von Verbraucher*innen landesweit aufgehoben und damit einen Teil der Emissionsabdeckung zurückgedreht hat. Viele weitere Staaten und Regionen planen, die CO_2-Bepreisung einzuführen – auch aufgrund der Klimadiplomatie rund um den EU-Grenzausgleichsmechanismus

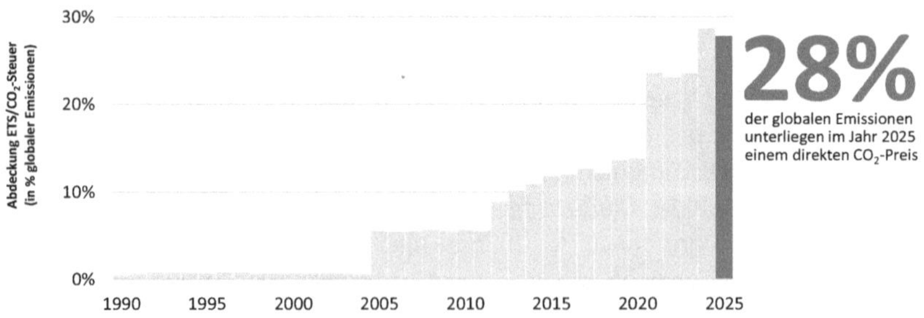

Abb. 3.3 Weltweite Emissionen, erfasst durch einen direkten CO_2-Preis (in %). (Quelle: Eigene Darstellung nach World Bank (2025))

(vgl. Abschn. 5.2). Indien, Brasilien und die Türkei verzeichnen beispielsweise bemerkenswerte Fortschritte bei der Implementierung von Emissionshandelssystemen.

Parallel dazu laufen Bestrebungen zur Koordination von CO_2-Preissystemen. Die wirtschaftsstarken G7-Staaten einigten sich 2022 auf die Initiative Deutschlands hin auf ein neues Koordinierungsformat – den Klimaklub. Weitere Initiativen wie die *Coalition of Finance Ministers for Climate Action* oder die 2023 von der Welthandelsorganisation gestartete Arbeitsgruppe zu CO_2-Preisen *(Task Force on Carbon Pricing)* könnten die Einführung und Angleichung von CO_2-Preisen sowie die Koordinierung von Mindestpreisen oder Energiesteuern auf fossile Treibstoffe vorantreiben. Obwohl die Einführung von CO_2-Preisen herausfordernd ist, zeigen die globalen Fortschritte, dass mit politischem Willen und sorgfältiger Planung flexible Lösungen möglich sind. Maßgeblich für die Akzeptanz und weitere Verbreitung der CO_2-Bepreisung wird sein, wie gut es gelingt, ihre soziale Tragfähigkeit zu garantieren.

Literatur

Agneman, G., & Chevrot-Bianco, E. (2023). Market Participation and Moral Decision-Making: Experimental Evidence from Greenland. *The Economic Journal, 133*(650), 537–581.

Bartling, B., Fehr, E., & Özdemir, Y. (2023). Does Market Interaction Erode Moral Values? *The Review of Economics and Statistics, 105*(1), 226–235.

Bartling, B., Weber, R. A., & Yao, L. (2015). Do Markets Erode Social Responsibility? *The Quarterly Journal of Economics, 130*(1), 219–266.

Bauer-Babef, C., & Taylor, K. (2021). *Planned EU carbon market reform is „politically suicidal", warns French MEP.* https://www.euractiv.com/news/planned-eu-carbon-market-reform-is-politically-suicidal-warns-french-mep/. Zugegriffen: 15. September 2025.

BMWK – Bundesministerium für Wirtschaft und Klimaschutz (2024). *Der CO_2-Preis: Wichtiger Beitrag zum Klimaschutz.* https://www.energiewechsel.de/KAENEF/Redaktion/DE/Dossier/co2-preis.html. Zugegriffen: 15. September 2025.

BMWK – Bundesministerium für Wirtschaft und Klimaschutz (2025). *Bundestag beschließt umfassende Reform des Emissionshandels.* https://www.bmwk.de/Redaktion/DE/Pressemitteilungen/2025/20250131-bundestag-emissionshandel.html. Zugegriffen: 15. September 2025.

Bowles, S. (2016). *The moral economy: Why good incentives are no substitute for good citizens.* Yale University Press.

Coase, R. H. (1960). The Problem of Social Cost. *The Journal of Law & Economics, 3,* 1–44.

Dechezleprêtre, A., Nachtigall, D., & Venmans, F. (2023). The joint impact of the European Union emissions trading system on carbon emissions and economic performance. *Journal of Environmental Economics and Management, 118,* 102758.

Delbeke, J. (2024). *Delivering a Climate Neutral Europe* (1. Aufl.). Taylor & Francis. https://www.taylorfrancis.com/books/oa-edit/10.4324/9781003493730/delivering-climate-neutral-europe-jos-delbeke. Zugegriffen: 15. September 2025.

ECA – European Court of Auditors (2020). The EU's Emissions Trading System: Free allocation of allowances needed better targeting. *Special Report 18/2020*. https://www.eca.europa.eu/en/publications?did=54392. Zugegriffen: 15. September 2025.

Edenhofer, O., Flachsland, C., Kalkuhl, M., Knopf, B., & Pahle, M. (2019). Optionen für eine CO_2-Preisreform. MCC-PIK-Expertise für den Sachverständigenrat zur Begutachtung der gesamtwirtschaftlichen Entwicklung. *Arbeitspapier 04/2019*. https://www.pik-potsdam.de/de/institut/abteilungen/klimaoekonomie-und-politik/mcc-dokumente-archiv/2019_mcc_optionen_fuer_eine_co2-preisreform_final.pdf. Zugegriffen: 15. September 2025.

Edenhofer, O., Franks, M., & Kalkuhl, M. (2021). Pigou in the 21st Century: A tribute on the occasion of the 100th anniversary of the publication of The Economics of Welfare. *International Tax and Public Finance, 28,* 1090–1121.

Edenhofer, O., Kalkuhl, M., & Ockenfels, A. (2020). Das Klimaschutzprogramm der Bundesregierung: Eine Wende der deutschen Klimapolitik? *Perspektiven der Wirtschaftspolitik, 21*(1), 4–18.

Edenhofer, O., & Leisinger, C. (2024). Das Klimaschutzprogramm der EU und Bundesregierung. In J. L. Lozán, H. Graßl, D. Kasang, M. Quante, & J. Sillmann (Hrsg.), *Warnsignal Klima: Herausforderung Wetterextreme—Ursachen, Auswirkungen & Handlungsoptionen* (S. 345–350). Wissenschaftliche Auswertungen.

EEA – European Environment Agency (2024). *EU Emissions Trading System (ETS) data viewer*. https://www.eea.europa.eu/data-and-maps/dashboards/emissions-trading-viewer-1. Zugegriffen: 15. September 2025.

Elkins, P., & Baker, T. (2001). Carbon Taxes and Carbon Emissions Trading. *Journal of Economic Surveys, 15*(3), 325–376.

ESABCC – European Scientific Advisory Board on Climate Change (2024). *Towards EU climate neutrality: Progress, policy gaps and opportunities*. https://climate-advisory-board.europa.eu/reports-and-publications/towards-eu-climate-neutrality-progress-policy-gaps-and-opportunities. Zugegriffen: 15. September 2025.

Europäische Kommission (2023). *Climate Action Progress Report 2023. Shifting gears: Increasing the pace of progress towards a green and prosperous future*. https://climate.ec.europa.eu/news-your-voice/news/climate-action-progress-report-2023-2023-10-24_en. Zugegriffen: 15. September 2025.

Europäische Kommission (2024a). *Auctioning of allowances*. https://climate.ec.europa.eu/eu-action/eu-emissions-trading-system-eu-ets/auctioning-allowances_en. Zugegriffen: 15. September 2025.

Europäische Kommission. (2024b). *Climate Action Progress Report 2024. Leading the way: From plans to implementation for a green and competitive Europe*. https://climate.ec.europa.eu/document/download/7bd19c68-b179-4f3f-af75-4e309ec0646f_en?filename=CAPR-report2024-web.pdf. Zugegriffen: 15. September 2025.

Europäische Union (2003). *Richtlinie 2003/87/EG des Europäischen Parlaments und des Rates vom 13. Oktober 2003 über ein System für den Handel mit Treibhausgasemissionszertifikaten in der Gemeinschaft und zur Änderung der Richtlinie 96/61/EG des Rates*. https://eur-lex.europa.eu/legal-content/DE/TXT/PDF/?uri=CELEX:32003L0087. *Zugegriffen: 15. September 2025.*

Europäische Union (2023). *Richtlinie 2023/959 des Europäischen Parlaments und des Rates vom 10. Mai 2023 zur Änderung der Richtlinie 2003/87/EG über ein System für den Handel mit Treibhausgasemissionszertifikaten in der Union und des Beschlusses (EU) 2015/1814 über die Einrichtung und Anwendung einer Marktstabilitätsreserve für das System für den Handel mit Treibhausgasemissionszertifikaten in der Union.* https://eur-lex.europa.eu/legal-content/DE/TXT/PDF/?uri=CELEX:32023L0959. *Zugegriffen: 15. September 2025.*

Falk, A., & Szech, N. (2013). Morals and Markets. *Science, 340*(6133), 707–711.

Flachsland, C., Pahle, M., Burtraw, D., Edenhofer, O., Elkerbout, M., Fischer, C., Tietjen, O., & Zetterberg, L. (2020). How to avoid history repeating itself: The case for an EU Emissions Trading System (EU ETS) price floor revisited. *Climate Policy, 20*(1), 133–142.

Genovese, F., & Tvinnereim, E. (2019). Who opposes climate regulation? Business preferences for the European emission trading scheme. *The Review of International Organizations, 14*(3), 511–542.

Goulder, L. H., & Schein, A. R. (2013). Carbon taxes versus cap and trade: A critical review. *Climate Change Economics, 4*(3), 1–28.

Graichen, J., & Ludig, S. (2024). Supply and demand in the ETS 2. *Umweltbundesamt Climate Change (09/2024).* https://www.umweltbundesamt.de/publikationen/supply-demand-in-the-ets-2. Zugegriffen: 15. September 2025.

Günther, C., Pahle, M., Govorukha, K., Osorio, S., & Fotiou, T. (2024). *Carbon prices on the rise? Shedding light on the emerging EU ETS2.* https://ssrn.com/abstract=4808605. Zugegriffen: 15. September 2025.

ICAP (2025). *ICAP ETS Map.* https://icapcarbonaction.com/en/ets. Zugegriffen: 15. September 2025.

Kirchler, M., Huber, J., Stefan, M., & Sutter, M. (2016). Market Design and Moral Behavior. *Management Science, 62*(9), 2615–2625.

Koch, N., Fuss. S., Grosjean, G., Edenhofer, O. (2014). Causes of the EU ETS price drop: Recession, CDM, renewable policies or a bit of everything? – New evidence. *Energy Policy, 73,* 676–685

Ockenfels, A., Werner, P., & Edehnofer, O. (2020). Pricing externalities and moral behaviour. *Nature Sustainability, 3*(10), 872–877.

Pahle, M. (2024). Die CO_2 Bepreisung im Umbruch: Was ist vom ETS2 zu erwarten, was kann ein Klimageld leisten? *FES Impuls.* https://library.fes.de/pdf-files/a-p-b/21122.pdf. Zugegriffen: 15. September 2025.

Parry, I. W. H., Black, S., & Zhunussova, K. (2022). Carbon Taxes or Emissions Trading Systems?: Instrument Choice and Design. *Staff Climate Notes, 2022*(006).

Pigou, A. C. (1920). *The economics of welfare.* London: Macmillan.

Runkel, M., Leisinger, C., & Held, B. (2022). *Criteria for an effective and socially just EU ETS 2. Assessment of the EU Commission's Proposal on an EU ETS for buildings & road transport (EU ETS 2). FÖS Report 1/2022.* https://foes.de/publikationen/2022/2022-01_Study-Assessment-EU-ETS2.pdf. Zugegriffen: 15. September 2025.

Sitarz, J., Pahle, M., Osorio, S., Luderer, G., & Pietzcker, R. (2024). EU carbon prices signal high policy credibility and farsighted actors. *Nature Energy, 9,* 691–702.

Smith, A. (2008). *An inquiry into the nature and causes of the wealth of nations.* London: Oxford University Press.

Stavins, R. N. (2022). The Relative Merits of Carbon Pricing Instruments: Taxes versus Trading. *Review of Environmental Economics and Policy, 16*(1), 62–82.

Stern, N. (2007). *The Economics of Climate Change: The Stern Review*. Cambridge: Cambridge University Press.

Sutter, M., Huber, J., Kirchler, M., Stefan, M., & Walzl, M. (2020). Where to look for the morals in markets? *Experimental Economics, 23,* 30–52.

UBA – Umweltbundesamt (2024a). *CO_2-Grenzausgleichssystem CBAM sorgt für faire Wettbewerbsbedingungen bei der klimafreundlichen Grundstoffproduktion in der EU.* https://www.umweltbundesamt.de/presse/pressemitteilungen/co2-grenzausgleichssystem-cbam-sorgt-fuer-faire. Zugegriffen: 15. September 2025.

UBA – Umweltbundesamt (2024b). *Der Europäische Emissionshandel.* https://www.umweltbundesamt.de/daten/klima/der-europaeische-emissionshandel. Zugegriffen: 15. September 2025.

Weitzman, M. L. (1974). Prices vs. Quantities. *The Review of Economic Studies, 41*(4), 477–491.

World Bank (2025). *State and Trends of Carbon Pricing 2025.* https://www.worldbank.org/en/publication/state-and-trends-of-carbon-pricing. Zugegriffen: 15. September 2025.

Zaklan, A. (2023). Coase and Cap-and-Trade: Evidence on the Independence Property from the European Carbon Market. *American Economic Journal: Economic Policy, 15*(2), 526–558.

Wie wird ein Preis auf CO_2 gesellschaftlich tragfähig? 4

Zusammenfassung

Dass steigende Energiepreise Regierungskrisen auslösen können, haben die massiven Proteste der Gelbwesten 2018 in Frankreich gezeigt. Die Sorge der Bürger*innen war nicht unbegründet, denn Energiepreissteigerungen durch CO_2-Preise belasten einkommensschwache Haushalte in vielen Fällen überproportional. Angesichts der gesellschaftlichen Sprengkraft steigender CO_2-Preise ist es notwendig, die Einnahmen aus der Bepreisung für den sozialen Ausgleich einzusetzen. Dafür gibt es verschiedene Möglichkeiten. Entscheidend ist, dass sowohl Belastungsschieflagen zwischen den Einkommensklassen als auch innerhalb einer Einkommensgruppe adressiert werden. Da viele Bürger*innen Kompensationszahlungen kritisch sehen, ist es außerdem wichtig, durch eine transparente, partizipative Kommunikation gesellschaftliche Akzeptanz für die Kompensation zu sichern.

4.1 Die Verteilungswirkung – ein Totschlagargument gegen den CO_2-Preis?

Der 17. November 2018 in Frankreich: Es ist der Auftakt einer nationalen Regierungskrise. Im ganzen Land versammeln sich mehr als 280.000 Demonstrant*innen (Le Monde und AFP 2019). Sie tragen gelbe Warnwesten und protestieren gegen die Politik von Präsident Emmanuel Macron, gegen steigende Lebenshaltungskosten und den Eindruck einer immer weiter auseinanderklaffenden sozialen Schere. Auslöser für die Proteste ist die für Januar 2019 geplante Erhöhung der

O. Edenhofer et al., *CO_2 hat seinen Preis*,
https://doi.org/10.1007/978-3-658-50400-7_4

nationalen CO_2-Bepreisung. Die Steuern für Diesel und Benzin sollen steigen und das Dieselsteuerprivileg schrittweise abgeschafft werden (Gagnebin et al. 2019). Das ist der Zündfunke für eine schwelende Unzufriedenheit innerhalb der französischen Gesellschaft. Schon in den Monaten zuvor haben steigende Weltmarktpreise für Öl auch an Frankreichs Tankstellen zu einer deutlichen Preissteigerung geführt. Nun bereiten die geplanten Steuererhöhungen Frankreichs Bürger*innen Sorgen. Die gewaltsamen Proteste der *gilets jaunes* (Gelbwesten) dauern über Monate an. Als Reaktion auf die anhaltende Protestwelle veranlasst Emmanuel Macron ein Moratorium auf die ursprünglich geplante CO_2-Preis-Erhöhung.

Auf den ersten Blick liegt der Schluss nahe: Pigous Mittel der Wahl scheint unpopulär. Die Durchsetzung von CO_2-Preisen, das zeigen die Erfahrungen mit der Gelbwesten-Bewegung, sind politisch brisant. Besonders kritisch ist die sozioökonomische Verteilungswirkung von Energiepreissteigerungen: Hohe Kosten für Strom, Wärme und Mobilität bedeuten in vielen Fällen besonders für einkommensschwache Haushalte eine überproportionale Belastung. Zwar haben reichere Haushalte in absoluten Zahlen einen deutlich höheren Energieverbrauch, da sie beispielsweise in größeren Wohnungen leben und leistungsstärkere Autos fahren. Doch ärmere Haushalte geben prozentual einen größeren Anteil ihres verfügbaren Einkommens für Energiekosten aus. Ohne einen entsprechenden Ausgleich haben hohe Energiepreise daher eine regressive Verteilungswirkung. Das heißt, sie belasten ärmere Haushalte relativ am Einkommen gemessen stärker als reichere Haushalte (z. B. Edenhofer et al. 2019; Ohlendorf et al. 2021; Pizer und Sexton 2019). Steuert die Politik diesem Effekt nicht aktiv entgegen, vergrößert die CO_2-Bepreisung somit die Wohlstandsunterschiede zwischen den Einkommensklassen (z. B. Edenhofer et al. 2021; Klenert et al. 2018).

Eine Herausforderung für politische Entscheidungsträger*innen ist auch, dass CO_2-Preise im Gebäude- und Verkehrssektor unmittelbar auf dem Tankzettel oder der Nebenkostenabrechnung sichtbar sind. Gleichzeitig müssen die Preise gerade in diesen Sektoren hoch sein, wenn sie ohne komplementäre Maßnahmen die beabsichtigten klimafreundlichen Verhaltensänderungen bewirken sollen (Günther et al. 2024). Denn die Vermeidung einer Tonne CO_2 beim Heizen und im Verkehr ist für Haushalte schwierig, wenn die Infrastruktur für alternative Technologien nicht in ausreichendem Maße zur Verfügung steht – und sie ist teurer als im Stromsektor. Während Technologien zur erneuerbaren Stromerzeugung bereits hohe Marktanteile erreicht haben und die Kosten für Windkrafträder und Solaranlagen in den letzten Jahren stark gesunken sind, bedeuten die Anschaffung eines E-Autos oder die Installation einer Wärmepumpe noch immer hohe anfängliche Investitionen (Pietzcker et al. 2021). Vor der Reaktion ihrer Wählerschaft auf diese Kosten schrecken Politiker*innen schnell zurück. Schließlich schwingt seit den Gelbwesten-Protesten die Angst vor neuen sozialen Unruhen mit, wenn die politischen Konsequenzen hoher Energiepreise diskutiert werden.

Auch als die Preise für Erdgas, Öl und Strom infolge des russischen Angriffs auf die Ukraine in die Höhe schnellten, wurden in der EU jene Stimmen laut, die vor CO_2-Preisen warnten. So mahnte Polens damaliger Ministerpräsident Mateusz Morawiecki auf dem Höhepunkt der Energiepreiskrise im Juli 2022, die EU müsse auf die Preissteigerungen reagieren und die Preise für Zertifikate im europäischen ETS für die Sektoren Energie und Industrie „drastisch reduzieren" (Morawiecki 2022). Das hohe Preisniveau, so Morawiecki, befeuere die Inflation und drohe, Millionen Bürger*innen in die Energiearmut zu treiben. Weniger radikal, aber ebenfalls besorgt reagierte die deutsche Bundesregierung. Um Haushalte angesichts der angespannten Situation zu entlasten, entschied die Ampelkoalition, im deutschen Brennstoffemissionshandel für Gebäude und Verkehr (BEH) die zum Januar 2023 geplante Preiserhöhung um 5 € auf 35 € pro Tonne CO_2 für ein Jahr auszusetzen (DEHSt 2022). Zwar kehrte die Bundesregierung mit einer deutlichen Preissteigerung zum Januar 2024 wieder auf den ursprünglich angedachten CO_2-Preispfad zurück. Doch der Eindruck, Klimaschutz durch die Bepreisung von Emissionen und soziale Gerechtigkeit seien nicht miteinander vereinbar, verhärtete sich.

4.2 Es geht auch anders – ein CO_2-Preis ermöglicht den sozialen Ausgleich

4.2.1 Kosten und Verteilungswirkung klimapolitischer Instrumente

Keine Frage, die Einführung von Maßnahmen zur finanziellen Entlastung von Haushalten in der Energiepreiskrise war notwendig, um insbesondere ärmere Haushalte vor den Preisexplosionen zu schützen. Im Widerspruch zu einer konsequenten Bepreisung von Emissionen steht der soziale Ausgleich jedoch nicht. Entscheidend für die Verteilungswirkung des CO_2-Preises ist, was mit den Einnahmen geschieht. Werden sie den Bürger*innen zurückerstattet, lassen sich soziale Schieflagen durch hohe Preise vermeiden. Tatsächlich liegt genau hier ein Vorteil der CO_2-Bepreisung gegenüber anderen klimapolitischen Instrumenten. Denn im Gegensatz zu grünen Subventionen, Standards und Verboten generieren der Verkauf von Emissionszertifikaten und die Besteuerung fossiler Brennstoffe Einnahmen, mit denen Ausgleichsmaßnahmen finanziert werden können (z. B. Kalkuhl et al. 2021).

Auch Standards, Verbote und Subventionen bedeuten eine finanzielle Belastung für die Bevölkerung: Subventionen müssen aus der Staatskasse finanziert werden. Verbote ziehen oft teure Neuanschaffungen nach sich oder es entstehen Opportunitätskosten – also Kosten durch entgangenen Nutzen – aufgrund der notwendigen Verhaltensänderungen. Und Effizienzstandards erfordern Produktionsanpassungen, welche Hersteller*innen nicht selten mit einer Erhöhung der Produktpreise kompensieren. Die Kosten von Standards und Verboten sind nicht direkt sichtbar, den Instrumenten „fehlt das Preisschild" (Löschel 2021) (vgl. Abschn. 2.2). Empirische Untersuchungen von Standards im Transportsektor schätzen die Kosten der Emissionsvermeidung aber beispielsweise auf das Drei- bis Sechsfache eines vergleichbaren CO_2-Preises (Austin und Dinan 2005; Jacobsen 2013). Außerdem wirken die durch Standards und Verbote erzeugten Preissteigerungen oft ebenfalls regressiv. Schließlich fallen Kosten an, die – genau wie der CO_2-Preis – gemessen am verfügbaren Einkommen ärmere Haushalte stärker belasten als Besserverdienende (Baldenius et al. 2021; Levinson 2019).[1] Auch Subventionen wie die Photovoltaik (PV)-Förderung, energetische Gebäudesanierungen oder Kaufprämien für Elektroautos verteilen häufig Einkommen effektiv von unten nach oben um. Denn der Anteil der Wohneigentümer*innen und E-Auto-Käufer*innen nimmt mit steigendem Einkommen zu und so kommen staatliche Förderungen in diesen Bereichen in erster Linie einkommensstarken Haushalten zugute (Baldenius et al. 2021).

Ohne Kompensation führt ein Preis von 50 € pro Tonne CO_2 im BEH – das zeigt eine Analyse für das Jahr 2022 (Kalkuhl et al. 2021) – für das einkommensschwächste Fünftel der Haushalte im Durchschnitt zu einer finanziellen Mehrbelastung von etwa 120 € pro Jahr. Relativ zum Einkommen bedeutet dies häufig spürbare Einbußen. Der relative Verlust im zweitärmsten Fünftel ist dabei

[1] Unter bestimmten Voraussetzungen können Standards allerdings auch progressiver wirken als ein CO_2-Preis. Das kann auf Effizienzstandards für Konsumgüter zutreffen, wenn einkommensstärkere Haushalte ausgeprägte Präferenzen für Produkteigenschaften haben, die die Effizienz des Gutes negativ beeinflussen – wenn also beispielsweise Status und Bequemlichkeit höher gewichtet werden als die reine Effizienz. Einkommensschwächere Haushalte hingegen verzichten aus finanziellen Gründen häufiger auf solche Luxusattribute und entscheiden sich für kleinere, leichtere und kostengünstigere Produkte, die damit tendenziell effizienter sind. Ein Standard, der ineffizientes Konsumverhalten reguliert, erfordert damit stärkere Anpassungen von reichen Haushalten. Ein Standard wirkt auch dann progressiv, wenn er gezielt auf kohlenstoffintensive Luxusgüter erhoben wird. Werden allerdings die Einnahmen aus der CO_2-Bepreisung sozial gestaffelt zurückerstattet, schneidet der Preis im Vergleich zum Standard nicht mehr schlechter ab (Zhao und Mattauch, 2022).

noch größer als bei den ärmsten 20 %, da in der ärmsten Gruppe mehr Haushalte Sozialleistungen beziehen, welche einige Härten infolge von Energiepreissteigerungen abfedern. Für die reichsten 20 % der Bevölkerung bedeutet ein CO_2-Preis von 50 € zwar im Mittel Mehrkosten von 350 €; im Vergleich zu den anderen Gruppen mindert sich ihr verfügbares Einkommen damit relativ an den Konsumausgaben gemessen aber weniger (Abb. 4.1). Mit perspektivisch steigendem CO_2-Preis nimmt diese Divergenz zwischen den Einkommensklassen zu. Werden die Einnahmen aus der Bepreisung zurückerstattet, kann die regressive Verteilungswirkung der CO_2-Bepreisung jedoch kompensiert werden.

Wie genau eine solche Rückerstattung umgesetzt werden kann, ist nicht ganz trivial. Eine Herausforderung ist, dass durch den CO_2-Preis nicht nur arme Haushalte überproportional belastet werden. Auch innerhalb einer Einkommensgruppe variiert die Belastung: Grund dafür sind Unterschiede in den individuellen Lebensumständen wie zum Beispiel der Wohnsituation, der Wegstrecke zur

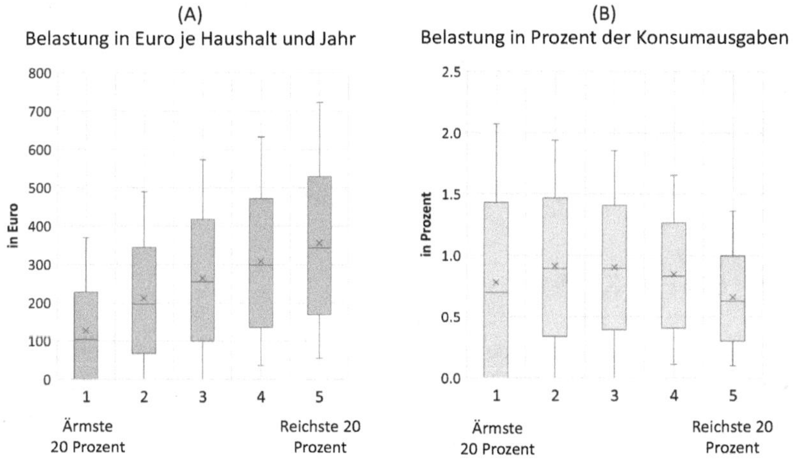

Anmerkung: Die Abbildung zeigt differenziert nach fünf Einkommensklassen die Verteilungswirkung eines CO_2-Preises von 50 Euro (2022) auf Heiz- und Kraftstoffe in absoluten Werten (A) und gemessen an den Konsumausgaben (B). Durch die Darstellung über Boxplots kann die Heterogenität innerhalb der Einkommensklassen abgebildet werden. Das Kreuz markiert den Durchschnittswert aller Beobachtungen, der horizontale Strich den Median (50% der Beobachtungen liegen über/unter dieser Beobachtung). Die farbigen Balken bilden den Bereich zwischen dem 25. Perzentil (25% aller Beobachtungen sind kleiner) und dem 75. Perzentil (75% aller Beobachtungen sind kleiner) ab – also jenen Bereich, in dem 50% der Werte liegen. Die feinen Linien markieren das 5. Perzentil (5% aller Beobachtungen sind kleiner) und das 95. Perzentil (95% aller Beobachtungen sind kleiner).

Abb. 4.1 Verteilungswirkung eines CO_2-Preises in Höhe von 50 € (2022) pro Tonne. (Quelle: Eigene Darstellung; Daten: MCC (2024))

Arbeit und den zur Verfügung stehenden Verkehrsmitteln. So bekommen die Bewohner*innen von gut isolierten Neubauwohnungen ungeachtet ihres Einkommens hohe CO_2-Preise weit weniger zu spüren als diejenigen, die in unsanierten Altbauten oder Häusern mit Ölheizung leben. Doch es gibt verschiedene Möglichkeiten, die Kosten der Klimapolitik abzufedern. Während die CO_2-Preis-Einnahmen grundsätzlich auch in den Infrastrukturausbau oder die Förderung grüner Technologien investiert werden können (sogenanntes *green spending*), ist für den sozialen Ausgleich entscheidend, dass das Geld zielgerichtet an Haushalte zurückfließt. Verschiedene Rückerstattungsoptionen unterscheiden sich mit Blick auf die Entlastungswirkung, den Verwaltungsaufwand, den ökologischen Nebeneffekt, die Sichtbarkeit und die gesellschaftliche Akzeptanz der Maßnahme. Die Diskussion der Kompensationsmaßnahmen erweist sich für die Wissenschaft und die Politik als äußert komplex.

Auch wenn wir in diesem Buch kein abschließendes Urteil darüber fällen können, welche Maßnahmen im Einzelnen „richtig" sind, lassen sich doch zentrale Kriterien benennen, die sich für eine erfolgreiche Umsetzung als entscheidend erweisen. So sollten Kompensationsmaßnahmen umfassend gestaltet sein – sie müssen sowohl horizontale als auch vertikale Ungleichheiten adressieren. Zudem sollten sie für Haushalte sichtbar, mit vertretbarem Verwaltungsaufwand umsetzbar und langfristig glaubwürdig sein (Edenhofer und Genovese 2024). Umfassende empirische Studien zur Wirksamkeit von Kompensationsmaßnahmen – wie es sie für die CO_2-Bepreisung selbst bereits gibt – fehlen bislang.

4.2.2 Die Pro-Kopf-Pauschale

Die CO_2-Preis-Einnahmen können direkt in Form einer Pro-Kopf-Pauschale an Haushalte zurückerstatten werden. In Deutschland wird diese Variante seit einigen Jahren unter dem Namen Klimageld diskutiert. 2021 fand das Klimageld auch Einzug in den Koalitionsvertrag der Ampelregierung (SPD, Bündnis 90/Die Grünen und FDP 2021). Umgesetzt wurde eine solche Zahlung in Deutschland bisher jedoch nicht. Lange scheiterte das Klimageld auch daran, dass kein geeigneter Auszahlungsmechanismus verfügbar war (vgl. Abschn. 4.3.2). Unter der 2025 neu angetretene Koalition von CDU/CSU und SPD bleibt die Umsetzung weiter ungewiss – während die SPD das Klimageld in ihrem Wahlprogramm zumindest als Beispiel für einen sozialen Ausgleich anführte, bleibt der Mechanismus im Koalitionsvertrag unerwähnt. Andere Länder zeigen, dass direkte Zahlungen möglich sind: In Österreich wurden die Einnahmen aus der CO_2-Bepreisung von 2022 bis 2024 in Form eines jährlich ausgezahlten Klimabonus an die Bürger*innen zurückverteilt (Zukunft KlimaSozial 2025) – allerdings wurde dieser unter der neuen schwarz-rot-pinken Koalition (ÖVP, SPÖ, Neos) 2025 in seiner bisherigen Form abgeschafft.

Pauschale Kompensationszahlungen führen dazu, dass der CO_2-Preis im Schnitt nur die einkommensstärksten Haushalte belastet, während die ärmsten Haushalte von den Transfers netto sogar profitieren können. Auf den ersten Blick scheint die Idee von pauschalen Rückerstattungen paradox, doch tatsächlich ermöglichen sie einen effektiven sozialen Ausgleich zwischen Arm und Reich. Zwar könnte man vermuten, dass die Rückerstattung die durch den Preis angestrebten Verhaltensänderungen konterkariert und somit auch keine CO_2-Einsparung erzielt wird. Da aber fossile Produkte durch den CO_2-Preis weiterhin in Relation zu klimafreundlichen Alternativen verhältnismäßig teurer sind, bleibt auch mit der Kompensation ein CO_2-Sparanreiz erhalten (Kalkuhl et al. 2023). Denn jeder Euro der Pauschale, der nicht für den Energieverbrauch ausgegeben wird, steht für andere Zwecke zur Verfügung.

Die Höhe eines pauschal ausgezahlten Klimageldes hängt von der Höhe des CO_2-Preises ab. Für den CO_2-Preis im Gebäude- und Verkehrssektor hätten im Jahr 2022 je 10 € CO_2-Preis pro Person etwa 25 bis 35 € zurückgezahlt werden können (Kalkuhl et al. 2023; Roolfs et al. 2021).[2] Ein CO_2-Preis von 50 € ermöglicht also eine Rückerstattung von 125 bis 175 € pro Kopf – und damit mindestens einen leichten Nettogewinn für die einkommensschwächsten Haushalte (Abb. 4.2). Es mag nicht direkt nachvollziehbar sein, warum auch reichere Haushalte das Klimageld erhalten sollten. Ein entscheidender Vorteil der einkommensunabhängigen Kompensation ist jedoch ihr geringer Verwaltungsaufwand. Denn für pauschale Transferzahlungen müssen keine individuellen Anträge und Bedarfe geprüft werden (Kalkuhl et al. 2023). Außerdem zahlen einkommensstärkere Haushalte aufgrund ihres durchschnittlich hohen Energieverbrauchs in der Regel absolut gesehen mehr CO_2-Abgaben als Haushalte mit geringem Einkommen. Damit fällt die Rückzahlung für gutverdienende

[2] Die Berechnungen beziehen sich auf Einnahmen, die in Deutschland im nationalen BEH in 2022 generiert wurden – anders als die Einnahmen aus dem EU ETS1 unterliegt die Verwendung der Mittel aus dem BEH keinen Vorschriften, sodass diese vollständig für Ausgleichszahlungen verwendet werden können. Die Berechnungen gehen davon aus, dass je 10 € CO_2-Preis im BEH circa 2,9 Mrd. Euro eingenommen werden, die auf 83 Mio. Menschen verteilt werden können (Kalkuhl et al. 2023; Kellner et al., 2022a). Werden nur die Einnahmen aus dem BEH zurückerstattet, die aus der unmittelbaren Belastung der Haushalte durch höhere Heiz- und Kraftstoffpreise resultieren, nicht aber die von Industrie und Gewerbe geleisteten Zahlungen, ist der Betrag entsprechend geringer (Roolfs et al., 2021).

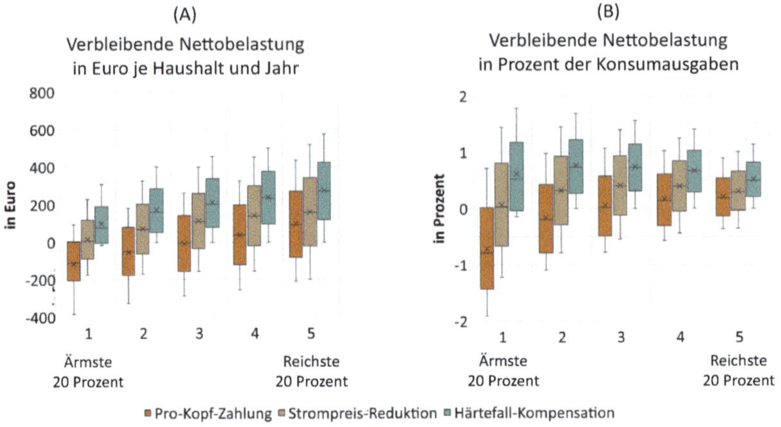

Anmerkung: Die Abbildung zeigt die verbleibende Nettobelastung eines CO_2-Preises von 50 Euro (2022) auf Heiz- und Kraftstoffe nach der Kompensation durch drei unterschiedliche Rückerstattungsoptionen. Für die Erklärung der hier verwendeten Boxplots vgl. Abbildung 7. Die Härtefallkompensation ist in diesem Fall als eine Kombination von Entlastungen für Fernpendler*innen und Haushalte mit Ölheizung definiert (vgl. MCC, 2024). Die Strompreisreduktion stellt die Absenkung der EEG-Umlage mit 100% der Einnahmen aus dem CO_2-Preis dar. Die Wirkung des Gebäudeklimageldes ist hier nicht dargestellt, da durch die bedarfsspezifische Entlastung grundsätzlich keine Ungleichheiten zwischen den Einkommensgruppen entstehen.

Abb. 4.2 Verteilungswirkung verschiedener Rückerstattungsoptionen bei einem CO_2-Preis in Höhe von 50 € (2022) pro Tonne. (Quelle: Eigene Darstellung; MCC (2024))

Haushalte gemessen an ihrer individuellen Belastung im Durchschnitt weniger stark ins Gewicht. Eine pauschale Rückerstattung der Einnahmen wirkt also progressiv – ärmere Haushalte profitieren relativ gesehen stärker als Besserverdiener*innen. Diese progressive Wirkung könnte verstärkt werden, indem das pauschal ausgezahlte Klimageld von den reicheren Haushalten über die Lohn- und Einkommenssteuererklärung wieder zurückgeholt wird (Bach et al. 2024). In Österreich wurde eine solche soziale Staffelung vorgenommen. Zudem war der dortige Klimabonus regional ausdifferenziert: Menschen in Gemeinden mit schlechter ÖPNV-Anbindung erhielten höhere Zahlungen. Außerdem musste der Klimabonus seit 2024 bei hohem Einkommen versteuert werden (Zukunft Klima-Sozial 2025).

4.2.3 Das Gebäudeklimageld

Sind die Unterschiede in der Belastung *innerhalb* einer Einkommensgruppe besonders groß, reicht eine einheitliche Pro-Kopf-Rückerstattung als

Kompensationsmechanismus jedoch nicht aus, um alle relevanten gesellschaftlichen Härten abzufedern. Dies gilt insbesondere für den Gebäudesektor. Denn ein pauschales Klimageld kann die Belastung durch den CO_2-Preis nur im Durchschnitt ausgleichen, die hohe Heterogenität im Gebäudebestand aber nicht angemessen abfedern. Schließlich variiert der CO_2-Ausstoß pro Quadratmeter je nach Heizungsart und Dämmzustand stark zwischen verschiedenen Gebäuden. Das bedeutet, dass auch die Belastung durch den CO_2-Preis sehr heterogen ist – nicht nur zwischen, sondern auch innerhalb der Einkommensklassen (z. B. Kalkuhl et al. 2024c). Bei einer reinen Pro-Kopf-Rückerstattung des CO_2-Preises im Gebäudesektor würden gering belastete Haushalte auf Kosten gesellschaftlicher Härtefälle überkompensiert. Mit steigenden Preisen (vgl. Abschn. 3.3.2) entstünde so eine ernste soziale Schieflage. Preise von mehreren hundert Euro auf Emissionen im Gebäudesektor setzen zwar wichtige Anreize für Emissionsminderungen und den Umstieg auf klimaneutrale Heiztechnologien, sind jedoch für ärmere Privathaushalte ohne effektiven Ausgleich nicht zu tragen – insbesondere dann, wenn diese in Gebäuden mit besonders hohem Energieverbrauch leben.

Die große Heterogenität innerhalb einer Einkommensgruppe kann aber ausgeglichen werden, wenn die Kompensation bedarfsabhängig gestaltet wird. Im Gebäudesektor könnte dies beispielsweise über eine für die Gebäudeeigentümer*innen anfallende Bepreisung in Kombination mit einem differenzierten „Gebäudeklimageld" (Kalkuhl et al. 2024a; Kalkuhl et al. 2024b) erreicht werden. Dafür müsste der Wohnungsbestand in homogene Gruppen eingeteilt werden. Ausschlaggebend für die Einteilung wäre unter anderem der CO_2-Ausstoß pro Quadratmeter Wohnfläche. Auch Merkmale, die den aus ökonomischer Sicht optimalen Zeitpunkt für einen Heizungstausch bestimmen, sollten in die Typisierung einfließen – etwa der Dämmungszustand des Gebäudes, die aktuelle Heizmethode und der Stand der kommunalen Wärmeplanung. Idealerweise würden dann Gebäude mit der gleichen CO_2-Intensität und dem gleichen optimalen Umrüstungsdatum eine Gruppe bilden. Die CO_2-Preiseinnahmen aus einer jeden Gruppe würden separat erfasst und innerhalb dieser vollständig an die Gebäudeeigentümer*innen zurückerstattet werden. Jede Gruppe bekäme das Gebäudeklimageld pauschal pro Quadratmeter ausgezahlt, sodass die Höhe der Kompensation zunächst exakt der jeweiligen Belastung durch den CO_2-Preis entspräche und Überkompensationen sowie Härtefälle vermieden würden. Gegenüber dem Status Quo wäre also keine Partei schlechter gestellt – Eigentümer*innen nicht, da sie direkt für die Belastung kompensiert würden und Mieter*innen nicht, da der CO_2-Preis bei den Wohnungsbesitzer*innen anfiele. Da diese Rückzahlung unabhängig vom laufenden Verbrauch wäre, solange nicht alle Gebäude innerhalb einer Gruppe transformiert wurden, bliebe die Lenkungswirkung des CO_2-Preises bestehen: Wird ein Gebäude frühzeitig auf klimaneutrale Heiztechnologien umgestellt, könnten Eigentümer*innen einen Nettogewinn erzielen. Gleichzeitig hätten alle Gebäude einer Gruppe durch die Klassifizierung nach CO_2-Intensität und optimalem Zeitpunkt für den Heizungswechsel ein ähnliches Emissionseinsparungspotenzial.

Ein solches Gebäudeklimageld würde somit effektive Transformationssignale senden und könnte im Vergleich zu einer reinen Pro-Kopf-Pauschale eine zielgenaue Entlastung gewährleisten. Das bedeutet auch: Solange die Wärmeversorgung der Gebäude zum jeweils optimalen Zeitpunkt umgestellt wird, wirkt das Gebäudeklimageld einer Entwertung des Immobilienbestandes mit fossilen Heizanlagen durch den CO_2-Preis entgegen. Damit Immobilienbesitzer*innen die Kosten der Transformation stemmen könnten, wären zusätzlich Subventionen für die energetische Sanierung, die Anschaffung einer Wärmepumpe und den für die Wärmepumpe bezogenen Strom notwendig. Bei einer vollständigen Rückerstattung der CO_2-Preis-Einnahmen in Form des Gebäudeklimagelds wären diese Subventionen nicht ausfinanziert und müssten mit zusätzlichen Mitteln gedeckt werden.

Die Umsetzung des Gebäudeklimageldes ist mit einem einmaligen Verwaltungsaufwand verbunden. Um den Gebäudebestand in möglichst homogene Gruppen einzuteilen, muss für jedes Haus und jede Wohnung der CO_2-Verbrauch pro Quadratmeter erfasst werden (Kalkuhl et al. 2024b). In den EU-Staaten sind diese Informationen für viele Gebäude schon in den Energieausweisen aufgeführt, die beim Neubau, Verkauf oder der Neuvermietung vorgelegt werden müssen. Seit 2023 sind Vermieter*innen in Deutschland durch das Kohlendioxidkostenaufteilungsgesetz, welches aktuell die Aufteilung des CO_2-Preises zwischen Eigentümer*innen und Mieter*innen regelt, dazu verpflichtet, die CO_2-Intensität von Mietwohnungen zu ermitteln. Allerdings liegen diese Daten bislang nur dezentral vor, ein Register mit den gesammelten Daten zur CO_2-Intensität von Gebäuden gibt es nicht. Um die von den Vermieter*innen erfassten Verbrauchsdaten für das Gebäudeklimageld nutzen zu können, müssten diese Informationen zusammengetragen und aufbereitet werden. Ist für ein Gebäude nicht bekannt, wie viel CO_2 pro Quadratmeter ausgestoßen wird, könnte der Verbrauch fossiler Brennstoffe zu einem Stichtag gemessen werden.

Außerdem – und hierin läge der größere Aufwand – müssten jene Kriterien erfasst werden, die den kostenoptimalen Zeitpunkt für den Umstieg auf fossilfreie Heizsysteme bestimmen: etwa Alter und Art der Heizung (z. B. ob mit Fußbodenheizung oder Radiatoren geheizt wird), die Art des Gebäudes (Einfamilienhaus, Mehrfamilienhaus, Reihenhaus oder Doppelhaushälfte), das Baujahr, die Energieeffizienz der Gebäudehülle und die perspektivische Erschließung durch

Fernwärme (Kalkuhl et al. 2024b). Diese Daten könnten beispielsweise von Schornsteinfeger*innen aufgenommen werden. Im Rahmen der kommunalen Wärmeplanung passiert genau das bereits in einigen Kommunen. Mittelfristig könnten alle für das Gebäudeklimageld relevanten Informationen in dem ohnehin geplanten Gebäude- und Wohnungsregister gespeichert werden, das in den kommenden Jahren als zentrales Verwaltungsregister aufgebaut werden soll (Krause et al. 2022). Durch die benötigte Datengrundlage und die notwendige Kategorisierung aller Gebäude bedeutet das Gebäudeklimageld einen höheren Verwaltungsaufwand als beispielsweise die Auszahlung einer Pro-Kopf-Pauschale. Verglichen mit Kompensationen, die auf der Prüfung von Einzelfällen beruhen, muss diese Arbeit jedoch nur einmalig gemacht werden – der spätere Bearbeitungsaufwand wäre überschaubar (Kalkuhl et al. 2024b).

4.2.4 Absenkung der Stromkosten

Die Einnahmen aus der CO_2-Bepreisung können auch dazu verwendet werden, Haushalte durch eine Absenkung der Stromkosten zu entlasten. In Deutschland sollte dies ab Juli 2022 durch die staatliche Übernahme der EEG-Umlage passieren. Diese Umlage zur Förderung erneuerbarer Energien im Rahmen des Erneuerbare-Energien-Gesetzes (EEG) war zuvor über einen Zuschlag auf der Stromrechnung direkt von den Endverbraucher*innen finanziert worden. Zur Abfederung der hohen Kosten in der Energiepreiskrise beschloss die Bundesregierung, die Umlage stattdessen aus CO_2-Preis-Einnahmen zu zahlen.[3] Auch unter der 2025 angetretenen Koalition von CDU/CSU und SPD war angedacht, Verbraucher*innen durch eine Minderung der Strompreise zu entlasten. In ihrem Koalitionsvertrag legten die schwarz-roten Regierungspartner fest, dafür die Stromsteuer auf das europäische Mindestmaß zu senken (CDU/CSU und SPD 2025). Doch die Idee wurde zum politischen Streitfall: Mit dem Verweis auf knappe Kassen hat das Bundeskabinett kurz vor der Fertigstellung dieses Buches eine Absenkung der Stromsteuer für Haushalte abgewiesen.[4]

---

[3] Da sich während der Energiepreiskrise eine große Rücklage auf dem EEG-Konto gebildet hatte, wurden die CO_2-Preis-Mittel tatsächlich bis Ende 2023 aber gar nicht abgerufen. In den Jahren 2024 und 2025 wurde die EEG-Umlage dann aus dem regulären Haushalt finanziert.

[4] Nach Abschluss der Schreibarbeiten beschloss der Bundestag, die Stromsteuer für Unternehmen des produzierenden Gewerbes sowie der Land- und Forstwirtschaft ab einem jährlichen Mindestverbrauch von 12,5 Megawattstunden dauerhaft auf den EU-Mindeststeuersatz zu reduzieren.

Da die ärmsten Haushalte einen verhältnismäßig großen Teil ihres Einkommens für Strom ausgeben, würden sie durch die Absenkung der Stromkosten in der Tat entlastet. Allerdings ist die Kompensation in absoluten Zahlen für reichere Haushalte aufgrund ihres höheren Stromverbrauchs größer (Abb. 4.2). Auch Unternehmen, mit Ausnahme der besonders stromintensiven Industrie, haben zuvor die EEG-Umlage bezahlt und profitieren von der staatlichen Übernahme (Kalkuhl et al. 2021; Kellner et al. 2022b). Je nach Ausgestaltung kommt eine Absenkung der Stromsteuer also ebenfalls den Betrieben zugute. Das bedeutet, dass mitunter ein großes Budget zur Finanzierung der Strompreissenkung notwendig ist und hohe Summen an diejenigen fließen, die die Entlastung für einen sozialen Ausgleich nicht unbedingt benötigen. So überstieg auch der Posten zur Übernahme der EEG-Umlage im Finanzplan für 2024 die Einnahmen aus dem nationalen BEH um mehr als 7 Mrd. Euro (BMF 2024a). Hinzu kommt, dass die Kompensation mit steigenden CO_2-Preisen nicht unbegrenzt angepasst werden kann, denn auf weniger als null kann die EEG-Umlage natürlich nicht gesenkt werden. Die tatsächliche Entlastungswirkung ist außerdem abhängig davon, inwieweit die Preissenkung von den Stromversorgern an die Kund*innen weitergegeben wird. Bei einer unvollständigen Weitergabe ist der Entlastungseffekt selbstverständlich geschmälert (Kalkuhl et al. 2023).

Positiv ist, dass die Klimawirkung der Strompreissenkung für die EU neutral sein kann – solange die Obergrenze im ETS1 nicht aufgeweicht wird. Denn eine Vergünstigung führt zwar grundsätzlich zu einem höheren Stromverbrauch, doch weil die Emissionen im Stromsektor durch das ETS1 begrenzt sind, entstehen insgesamt keine Mehremissionen.

4.2.5 Härtefallkompensationen

Eine andere Option wäre es, Haushalte, die aufgrund ihrer Lebens- und Beschäftigungssituation besonders stark von CO_2-Preisen betroffen sind, mit speziellen Ausgleichsmechanismen zu entlasten. So könnte etwa ein Härtefallfonds aufgesetzt werden, der Transfers an jene Haushalte abdeckt, die gewisse Belastungsgrenzen überschreiten (Edenhofer et al. 2019). Im Sinne einer sozialgerechten Kompensation könnte man die Ausschüttung pauschal an das Einkommen koppeln – beispielsweise indem die Zahlungen an die oberen drei Einkommensdezile über die Einkommenssteuererklärung wieder zurückgefordert werden. Wäre zur Identifizierung von Härtefällen die Prüfung von Einzelanträgen notwendig, würde dies einen enormen Verwaltungsaufwand bedeuten (Edenhofer et al. 2019).

Denkbar wäre es auch, Härtefälle ausgehend von bestimmten einkommensunabhängigen Kriterien zu identifizieren. In der Wissenschaft diskutiert werden z. B. eine Erhöhung der Fernpendlerpauschale, die Einführung einer pauschalen Mobilitätsprämie oder eine spezielle Kompensation für Haushalte, die mit Öl heizen (Kalkuhl et al. 2023). Doch gerade die aktuelle Ausgestaltung der Subvention von Fernpendler*innen läuft dem Ziel der Emissionsreduktionen zuwider. Zwar wird die Pauschale im Prinzip unabhängig vom Verkehrsmittel gewährt, doch sie begünstigt lange Wege und tatsächlich entfallen 80 % der Förderung auf Pkw-Fahrten (FÖS 2023). Außerdem kommt die einkommensunabhängige Kompensation von Fernpendler*innen fast ausschließlich der oberen Einkommenshälfte zugute, denn nur rund 20 % der Fernpendler*innen in Deutschland entfallen auf die 40 % der Bevölkerung mit dem niedrigsten Einkommen (Kalkuhl et al. 2023). Die neue Bundesregierung plant, die Pendlerpauschale dauerhaft zu erhöhen (CDU/CSU und SPD 2025). Für eine sozialgerechte und klimaneutrale Entlastung gäbe es effektivere Möglichkeiten (Tab. 4.1).

Tab. 4.1 Vergleich zentraler Merkmale von vier Kompensationsmechanismen. (Quelle: Eigene Darstellung. Anmerkung: Die Tabelle vergleicht schematisch die vier hier vorgestellten Rückerstattungsoptionen anhand von fünf Kriterien, die für eine erfolgreiche Kompensation von Bedeutung sind)

Rückerstattungsoption	Verteilungswirkung	Verwaltungsaufwand	Ökologische Wirkung	Skalierbarkeit mit CO_2-Preis	Akzeptanz
Pro-Kopf-Pauschale (Klimageld)	Progressiv; gleicht Belastung der unteren Einkommensklassen jedoch nur im Durchschnitt aus	Gering; aber Aufbau eines Auszahlungskanals notwendig	Mindert die Lenkungswirkung des CO_2-Preises nicht, da die Auszahlung unabhängig vom Verhalten der Haushalte erfolgt und CO_2-intensiver Konsum verhältnismäßig teuer ist	Ja	Gute Sichtbarkeit der Maßnahme kann Glaubwürdigkeit der sozialen Kompensation erhöhen; in Umfragen bisher mangelnde Akzeptanz

(Fortsetzung)

Tab. 4.1 (Fortsetzung)

Rückerstattungsoption	Verteilungswirkung	Verwaltungsaufwand	Ökologische Wirkung	Skalierbarkeit mit CO_2-Preis	Akzeptanz
Gebäudeklimageld	Keine Umverteilung; Rückzahlung entspricht bei unverändertem Heizverhalten vor Umrüstungsbeginn innerhalb einer Gruppe exakt der Belastung; adressiert somit Belastungsunterschiede innerhalb der Einkommensklassen; Nettogewinn bei frühzeitiger Umstellung	Einmalige Kategorisierung erforderlich	Mindert die Lenkungswirkung des CO_2-Preises nicht, da die Auszahlung unabhängig vom Verhalten der Haushalte ist und ein Anreiz zur früheren Umstellung gegenüber Vergleichsgebäuden besteht	Ja	Exakter Ausgleich könnte Akzeptanz fördern, bislang noch nicht empirisch untersucht
Absenkung der Stromkosten	Leicht progressiv; abhängig von Weitergabe der Kostensenkung durch Stromversorger	Gering	Neutral; solange Emissionsobergrenze im ETS1 nicht aufgeweicht wird	Bedingt	Geringe Sichtbarkeit der Maßnahme könnte Akzeptanz mindern
Härtefallkompensation	Vermeidet Härtefälle; abhängig von exaktem Design (Erhöhung der Fernpendlerpauschale z. B. regressiv)	Abhängig von der Ausgestaltung, bei Prüfung von Einzelfällen ggf. hoch	Abhängig von exaktem Design; Subvention von Fernpendler*innen läuft Ziel der Emissionsreduktion zuwider	Ja	Vermeidung von Härtefällen für soziale Gerechtigkeit wichtig, Zustimmungswerte divergieren zwischen Umfragen

4.3 Hürden für die Rückerstattung

4.3.1 Die gesellschaftliche Akzeptanz

Trotz ihrer sozialökonomischen Vorteile haben Kompensationszahlungen bei der Bevölkerung grundsätzlich einen schwereren Stand.[5] In Umfragen kristallisiert sich heraus, dass ein Großteil der Befragten eine Investition der Einnahmen in Klimaschutzmaßnahmen der direkten Rückerstattung vorzieht (z. B. Barckhausen et al. 2022; Sommer et al. 2022; Wolf et al. 2022). Zu diesem Ergebnis kommt auch eine kürzlich in Deutschland durchgeführte Analyse der bevorzugten Einnahmeverwendungsoptionen (Kaestner et al. 2023). Die Untersuchung ergibt, dass die CO_2-Bepreisung selbst – sogar bei einem hohen Preisniveau – die größte Zustimmung findet, wenn mindestens die Hälfte der Einnahmen in grüne Investitionen fließt. Konnten die Befragten in einem Experiment über reale Geldsummen entscheiden, erhöhten sie sogar den Anteil von *green spending* am Gesamtbudget. Anders als von Expert*innen gemeinhin erwartet, entschieden sich die Befragten also auch dann gegen die vollständige Rückerstattung, wenn dies eine direkte finanzielle Auswirkung für sie hatte. Die Härtefallkompensation war in diesem Experiment über alle Preisniveaus hinweg noch unbeliebter als die Rückerstattung in Form einer Pro-Kopf-Pauschale.[6,7]

Die Ergebnisse von Befragungen müssen vorsichtig interpretiert werden: Natürlich hat die Entscheidung innerhalb eines Experiments nicht die gleichen finanziellen Auswirkungen, die ein echter CO_2-Preis auf Betroffene hätte. Was sich aus den Ergebnissen jedoch herauslesen lässt, ist Folgendes: Eine Politik gegen den Mehrheitswillen durchzusetzen, ist für eine demokratische Regierung nicht möglich. So wichtig es ist, wissenschaftliche Expertise in den politischen Entscheidungsprozess miteinzubeziehen, so entscheidend ist der Rückhalt in der Bevölkerung. Es ist denkbar, dass der mangelnde gesellschaftliche Zuspruch

[5] Bisherige Analysen liegen nur für die Pro-Kopf-Pauschale, die Senkung der Stromkosten und die Härtefallkompensation vor, da die Idee eines Gebäudeklimagelds erst unlängst entwickelt wurde. Es bleibt zu untersuchen, ob die effektive und zielgenaue Entlastungswirkung des Gebäudeklimagelds eine größere Akzeptanz in der Bevölkerung findet.

[6] Dieses Ergebnis widerspricht anderen Studien, denen zufolge die Zustimmung für einen sozialen Ausgleich höher ist als die für pauschale und einkommensunabhängige Rückzahlungen (Dechezleprêtre et al. 2022; Mohammadzadeh Valencia et al. 2024; Wolf et al. 2022).

[7] Wie die Teilnehmer*innen zu einer Verwendung der CO_2-Preis-Einnahmen für eine Absenkung der Strompreise standen, wurde in dem Experiment nicht explizit erfasst.

für Kompensationszahlungen aus einem unzureichenden Verständnis des CO_2-Preismechanismus resultiert (Edenhofer und Genovese 2024). Wird etwa angenommen, dass ein CO_2-Preis hauptsächlich Einnahmen für die Finanzierung der Energiewende generieren soll, kann eine Rückzahlung an Haushalte als kontraproduktiv erachtet werden (Barckhausen et al. 2022; Kalkuhl et al. 2023). Aus diesem Grund müssen Politik und Wissenschaft die Funktionsweise von CO_2-Preis und Kompensationsmechanismen unbedingt verständlich kommunizieren.

Dass eine gezielte Verwendung der Einnahmen wichtig ist, belegt eine kürzlich veröffentlichte Meta-Studie, welche die Ergebnisse verschiedener Umfragen zur Akzeptanz eines CO_2-Preises auswertet (Mohammadzadeh Valencia et al. 2024).[8] Über alle Weltregionen hinweg zeigt sich, dass eine CO_2-Bepreisung auf mehr Zustimmung stößt, wenn die Einnahmen in Rückerstattungen oder spezifische Investitionen fließen. Auch diese Studie kommt zu dem Ergebnis, dass die Verwendung der Einnahmen für grüne Investitionen in der Bevölkerung am besten ankommt. Durchweg stößt ein CO_2-Preis mit gezielter Rückerstattung aber auf mehr Rückhalt, als wenn die Mittel ohne nähere Bestimmung in den allgemeinen Staatshaushalt überführt werden.

Doch auch wenn eine zielgerichtete Einnahmenverwendung per se die Akzeptanz für den CO_2-Preis erhöhen kann, ist die Einführung eines Kompensationsmechanismus kein Garant für gesellschaftlichen Rückhalt. Denn der Erfolg der Kompensation hängt von verschiedenen Faktoren ab[9] – nicht zuletzt auch von seiner Glaubwürdigkeit. Der Haken dabei ist: Klimapolitik – und damit auch der soziale Ausgleich – müssen über einen langen Zeitraum hinweg aufrechterhalten werden. Gleichzeitig stehen demokratische Regierungen unter dem Druck, kurzfristig rentable Investitionen zu tätigen, um nicht bei der nächsten Wahl abgestraft zu werden. Dabei sind Staatskassen in der Regel knapp und die CO_2-Preis-Kompensation könnte in einen Finanzierungskonflikt mit anderen Ausgaben geraten. So kann in der Bevölkerung die Sorge entstehen, Politiker*innen könnten – insbesondere nach einem Regierungswechsel oder in einer Krisensituation – zunächst versprochene Kompensationsmechanismen wieder aufheben, um ihren

[8] Bei dieser generellen Tendenz betont die Studie auch regionale Unterschiede in der Präferenz von Kompensationsmechanismen und thematisiert, dass manche Weltregionen nur unzureichend in der Literatur abgedeckt werden.

[9] Welche Faktoren die Akzeptanz von Kompensationsmechanismen und klimapolitischen Maßnahmen selbst beeinflussen, wird in einem Forschungsprojekt der Universität Oxford untersucht (Nuffield Politics Research Centre o. D.)

fiskalischen Spielraum zu erhöhen. Eben genau so wie es die neue Regierungskoalition in Österreich mit der Streichung des nationalen Klimabonus vorexerziert hat. Derartige Zweifel an der langfristigen Glaubwürdigkeit der Kompensation können deren akzeptanzsteigernde Wirkung unterminieren (Gazmararian und Tingley 2023). Das schmälert die Effektivität der Kompensation und bringt letztendlich die Politik ins Wanken (Konc et al. 2024).

4.3.2 Ein geeigneter Auszahlungskanal und die Verfügbarkeit der Gelder

Um die Einnahmen aus der CO_2-Bepreisung tatsächlich an die Bevölkerung zurückerstatten zu können, müssen zunächst die notwendigen administrativen Voraussetzungen geschaffen werden. Das bedeutet erstens, dass ein geeigneter Auszahlungsmechanismus gefunden und die entsprechenden institutionellen Strukturen eingerichtet werden. Lange hatte der deutsche Staat – das machte schon die Entlastung in der Energiepreiskrise in den Jahren 2022 und 2023 kompliziert – keine Möglichkeit, direkte Überweisungen an die Konten der Bürger*innen zu tätigen (Kalkuhl et al. 2022). Während Österreich ein entsprechendes System bereits 2022 etabliert hat, ließ die Einrichtung eines Auszahlungskanals in Deutschland lange auf sich warten. Ende 2024 hat die Bundesregierung noch kurz vor den Neuwahlen dann Eckpunkte für einen Direktauszahlungsmechanismus auf den Weg gebracht. Durch die neue Regelung ist es nun möglich, Kontoverbindungen in der Steuer-ID-Datenbank des Bundeszentralamts für Steuern (BZSt) zu erfassen und so jeder Person eine Kontonummer zuzuordnen (BMF 2024b). Damit ist der Rahmen für direkte Zahlungen des Staates an die Bürger*innen geschaffen. Prinzipiell ist der Weg für Kompensationszahlungen also geebnet.

Doch mit Blick auf die verantwortliche Auszahlungsbehörde bleiben Fragen offen: Dass das BZSt die Federführung bei der Datenspeicherung übernimmt, ist naheliegend. Es ist vorgesehen, dass sich das Amt – unterstützt von den Zollämtern – auch um die Auszahlung kümmert. Das wiederum könnte zum Problem werden, denn das BZSt und die Zollämter haben keine Erfahrung im direkten Kontakt mit Kund*innen, Menschen können bei Fragen und Problemen weder vor Ort vorbeikommen, noch eine zentrale Hotline kontaktieren. Auch Barauszahlungen für Bürger*innen ohne Kontoverbindung kann das BZSt nicht tätigen. Es gibt Vorschläge, stattdessen die Bundesagentur für Arbeit mit der Auszahlung von Direktzahlungen zu betrauen (Konopke 2024). Klar ist, dass auch diese institutionellen Herausforderungen aus dem Weg geräumt werden müssen, bis eine direkte Kompensation von Bürger*innen, zum Beispiel über ein Klimageld, möglich ist.

Die zweite Hürde für die Rückerstattung des CO_2-Preises ist die Verfügbarkeit der Einnahmen. Denn damit die Einnahmen aus der CO_2-Bepreisung für den sozialen Ausgleich verwendet werden können, dürfen sie – es klingt banal – nicht bereits anderweitig eingeplant sein. Tatsächlich aber gibt es aktuell wenig Spielraum im Klima- und Transformationsfonds (KTF), jenem Sondertopf für die deutsche Klimapolitik, der sich aus den Einnahmen aus dem nationalen Brennstoffemissionshandel und anteiligen Einnahmen aus dem EU ETS1 speist (Illenseer und Schenk 2024; Knopf und Illenseer 2023). Vor dem Hintergrund einer angespannten Haushaltslage wurde die Verwendung der KTF-Mittel in den vergangenen Jahren zunehmend ausgeweitet, sodass nun auch Milliardenzuschüsse für die Förderung von Mikroelektronik daraus finanziert werden – wichtige Projekte, die das Sondervermögen jedoch massiv überdehnen. Industriesubventionen und sozialer Ausgleich geraten durch diese Finanzplanung in Konkurrenz. Eine angemessene und zielgenaue Kompensation für die Belastung aus der CO_2-Bepreisung ist mit einem so knappen Budget nicht möglich. Es ist daher an der Zeit, die politischen Weichen für einen effektiven und sozialgerechten Klimaschutz zu stellen und die Finanzierung von Klimaschutz und nachhaltiger Infrastruktur langfristig abzusichern.

Doch woher soll das Geld genommen werden, wenn Staatskassen grundsätzlich knapp sind? Das Spannungsverhältnis zwischen Budgetrestriktionen und dem Finanzierungsbedarf einer sozialgerechten Klimapolitik wirft die grundlegende Frage auf, ob die Klimapolitik über Staatsschulden finanziert werden sollte.

4.4 Finanzpolitik im Sinne einer generationengerechten Klimapolitik

In den Koalitionsverhandlungen 2025 setzten Union und SPD mit Unterstützung der Grünen eine Grundgesetzänderung durch, welche die Schuldenregel für Verteidigungsausgaben lockert und ein Sondervermögen für Investitionen in Infrastruktur und – das hatten die Grünen zur Bedingung gemacht – Klimaschutz bereitstellt. In den KTF fließen daraus in den kommenden zwölf Jahren zusätzliche 100 Mrd. Euro. Die Einigung auf das Sondervermögen war für die künftigen Koalitionär*innen ein notwendiger Schritt, um den Staat in Anbetracht des großen Investitionsbedarfs handlungsfähig zu machen. Die Mittelkonflikte im KTF wurden dadurch allerdings nicht vollständig aufgelöst.

Im noch von der Ampel-Regierung vorgelegten Haushaltsentwurf 2025 waren ursprünglich 34,47 Mrd. Euro Programmausgaben aus dem KTF vorgesehen – deutlich weniger als noch im Vorjahr (Deutscher Bundestag 2024). Theoretisch ermöglicht die 100-Milliarden-Zuweisung aus dem neuen Sondervermögen Mehrausgaben von rund 8,3 Mrd. Euro pro Jahr für die nächsten zwölf Jahre. Allerdings bedeutet das nicht, dass diese Summe tatsächlich auch in zusätzliche Klimaförderprogramme fließt. Denn zunächst einmal decken die Gelder eine Finanzierungslücke im ursprünglichen Regierungsentwurf. Rund neun Milliarden Euro jährlich waren im KTF laut Finanzplanung bis 2028 nicht gegenfinanziert. Mithilfe der Mittel des Sondervermögens lässt sich diese Lücke über die Legislatur hinweg zwar schließen. Die zusätzlichen Gelder fließen damit allerdings nicht notwendigerweise in zusätzliche Projekte, sondern könnten schlicht für die Finanzierung ohnehin geplanter Investitionsposten verwendet werden. Mit anderen Worten: Die vorgesehenen Überweisungen aus dem Infrastruktursondervermögen reichen vermutlich knapp aus, um die bestehende Finanzierungslücken auszugleichen, eröffnen aber keinen Spielraum für neue Ausgaben. In ihrem Koalitionsvertrag kündigte die neue Bundesregierung nun allerdings an, auch Programme, die bislang anders gefördert wurden, künftig aus dem KTF finanzieren zu wollen. Schlussendlich könnte das trotz Milliardenzuweisung schlimmstenfalls also weniger statt mehr Klimainvestitionen bedeuten.

Dem engen Finanzplan gegenüber steht ein großer Investitionsbedarf für die Energiewende. Eine aktuelle Szenarienanalyse des Forschungsprojekts Ariadne zeigt: Um das deutsche Klimaziel 2045 zu erreichen, sind insgesamt jährliche Investitionen von 116 bis 131 Mrd. Euro notwendig (Luderer et al. 2025). Diese Investitionen müssen natürlich nicht vollständig aus öffentlichen Haushalten bestritten werden. Denn zum einen werden auch private Investor*innen einen wesentlichen Beitrag leisten. Zum anderen werden durch die Klimawende Mittel frei, etwa durch effizientere Energienutzung oder den Rückgang fossiler Importe – selbst wenn höhere Ausgaben für neue Technologien, Infrastruktur und Energieeffizienz anfallen. Der tatsächliche fiskalische Bedarf lässt sich aus der Szenarienanalyse daher nur ungefähr abschätzen: Für 2030 wird ein staatlicher Finanzierungsanteil von rund 40 Mrd. Euro veranschlagt (Luderer et al. 2025). Doch perspektivisch kommen weitere Herausforderungen auf den Fiskus zu – zum Beispiel Anschubfinanzierungen für neue Technologien.

Die Zielkonflikte zwischen Infrastrukturbedarf und Kompensationszahlungen bestehen also weiter. Damit stellt sich ganz grundsätzlich die Frage, in welchem Umfang Klimaschutz über höhere Staatsschulden finanziert werden soll. Diese Debatte wird in den kommenden Jahren immer wieder aufkeimen. Man kann sie nicht einfach damit beantworten, dass Regierungskoalitionen Schulden eben dann aufnehmen, wenn dies zu ihrem Machterhalt beiträgt. Vielmehr muss diskutiert werden, unter welchen Bedingungen Staatsschulden sinnvoll sind.

Steigende Schulden belasten künftige Generationen, die für erhöhte Zinszahlungen aufkommen und die Risiken von Schuldenkrisen schultern müssen. Um diese Last zu begrenzen, ist es grundsätzlich sinnvoll, Schuldenregeln einzuführen, die eine exzessive Verschuldung verhindern. Andernfalls wären Politiker*innen versucht, ungehemmt neue Schulden für staatliche Konsumausgaben aufzunehmen. Denn letztlich bietet eine immer höhere Neuverschuldung Politiker*innen die Möglichkeit, kurzfristig möglichst viele Wahlversprechen zu erfüllen, um ihre Wähler*innen zufriedenzustellen und so eine Wiederwahl abzusichern.

Doch auf der anderen Seite bergen strikte Schuldengrenzen das Risiko, dass öffentliche Investitionen der politischen Kurzfristlogik zum Opfer fallen. In der Regel ist die zusätzliche Aufnahme von Schulden dann gerechtfertigt, wenn ihr ein langfristiger wirtschaftlicher Nutzen gegenübersteht – etwa durch Investitionen, die den volkswirtschaftlichen Kapitalstock erhöhen. Anders gesagt: Wenn heute Maßnahmen ergriffen werden, von denen künftige Generationen profitieren, ist es vertretbar, dass sie sich auch an der Finanzierung beteiligen. Entscheidend ist dabei, dass Investitionen nicht an ihren kurzfristigen Kosten, sondern an ihrem langfristigen Nutzen gemessen werden. In der Finanzwissenschaft war diese sogenannte „Goldene Regel" lange anerkannt: Staatliche Kreditaufnahme sollte zulässig sein, wenn sie der Finanzierung zukunftssichernder Investitionen dient. In der Praxis scheiterte dieses Prinzip jedoch daran, dass sich der künftige Nutzen einer Investition nur schwer objektiv erfassen ließ. Dadurch wurde die Regel anfällig für politischen Missbrauch – so wurden etwa laufende Konsumausgaben häufig als Investitionen deklariert.

Für klimapolitische Investitionen gibt es jedoch einen Indikator, der ihren Nutzen klar operationalisiert. Denn der Nutzen von Klimainvestitionen besteht in der Vermeidung von Klimaschäden. Die Höhe der schuldenfinanzierten Investitionen sollte deshalb davon abhängig gemacht werden, inwieweit diese Klimaschäden vermeiden. Und Klimaschäden lassen sich – zumindest in Teilen – eindeutig quantifizieren. Die *Social Costs of Carbon* (vgl. Abschn. 2.1.1) geben an, welcher zusätzliche Schaden durch die Emission einer Tonne CO_2 verursacht wird und sind daher ein geeignetes Maß zur Bewertung von Neuschulden (Edenhofer et al. 2025a; Edenhofer et al. 2025b).

Entscheidend für eine solche Bewertung wären die *regionalen* oder *nationalen* Klimaschäden. Denn während selbstverständlich die ganze Welt von sinkenden Treibhausgasemissionen profitiert, stellt sich für jedes einzelne Land die Frage, ob die Vermeidung heimischer Klimaschäden eine Ausweitung der Schulden rechtfertigt. Eine Abschätzung der SCC für Deutschland und die EU liegt bei 200 € pro Tonne CO_2 (Bilal und Känzig 2025). Ausgehend von diesem Betrag lässt sich quantifizieren, wie groß der langfristige Nutzen der Emissionsvermeidung ist. Dieser Nutzen muss wiederum den Kosten der Klimapolitik gegenübergestellt werden. Eine aktuelle ökonomische Abschätzung ermittelt durch ein Optimierungskalkül die ideale Höhe von Emissionsreduktionen und Staatsschulden, also den Punkt, an dem sich Grenzkosten und Grenznutzen ausgleichen. Sie kommt zu dem Ergebnis, dass die im deutschen Klimaschutzgesetz vorgesehenen Emissionseinsparungen in den Jahren von 2020 bis 2030 zusätzliche Schulden in Höhe von 161 Mrd. Euro rechtfertigen (Edenhofer et al. 2025a). Die zusätzlichen Schulden wären damit an das Erreichen von Mengenzielen gekoppelt. Grundsätzlich wäre auch preisbasierter Ansatz möglich, bei dem sich die zulässige Verschuldung an der Höhe des CO_2-Preises in einem Land orientiert. Ein hoher CO_2-Preis bedeutet mehr Einsparungen und erlaubt demnach eine höhere Schuldenaufnahme.

Da neue Schulden nur für Investitionen aufgenommen werden dürfen, von denen zukünftige Generationen aufgrund vermiedener Klimaschäden direkt profitieren, gewährleistet diese neue „Grün-goldene Regel" (Edenhofer et al. 2025a; Edenhofer et al. 2025b) eine generationengerechte Klimafinanzierung. Zusätzliche Schulden sind nur für zusätzliche Minderungsanstrengungen möglich. Das erhöht für Regierungen auch den Anreiz, die Klimaziele einzuhalten. Bislang findet diese Regel noch keine Anwendung, sie könnte aber auf nationaler oder europäischer Ebene implementiert werden.

Literatur

Austin, D., & Dinan, T. (2005). Clearing the air: The costs and consequences of higher CAFE standards and increased gasoline taxes. *Journal of Environmental Economics and Management, 50*(3), 562–582.

Bach, S., Hamburg, M., Meemken, S., Merker, M., & Pieper, J. (2024). CO_2-Bepreisung: Klimaprämie zügig einführen, bei höheren Einkommen abschmelzen. *DIW Wochenbericht 42/2024,* 647–655.

Baldenius, T., Bernstein, T., Kalkuhl, M., von Kleist-Retzoq, M., & Koch, N. (2021). Ordnungsrecht oder Preisinstrumente? Zur Verteilungswirkung von Klimaschutzmaßnahmen im Verkehr. *ifo Schnelldienst,6*(74), 3–33.

Barckhausen, A., Piria, R., Becker, J., Dütschke, E., Preuß, S., Ziefle, M., & Wilkowska, W. (2022). *Akzeptanz und Kommunikation eines CO_2-Bepreisungssystems. Ergebnisse und Handlungsempfehlungen aus dem Projekt „Gesellschaftliche Akzeptanzfragen einer*

Reform der Energieabgaben, -steuern und -umlagen mit CO_2-Bepreisung (COreFAKTEN)". https://adelphi.de/system/files/mediathek/bilder/Akzeptanz%20und%20Kommunikation%20eines%20CO2-Bepreisungssystems.pdf. Zugegriffen: 15. September 2025.

Bilal, A. & Känzig, D. R. (2025). Does Unilateral Decarbonization Pay for Itself? *AEA Papers and Proceedings, 115,* 369–373.

BMF – Bundesfinanzministerium (2024a). *Entwurf des Wirtschaftsplans des Sondervermögens „Klima- und Transformationsfonds" für das Jahr 2025 und Finanzplan des Sondervermögens „Klima- und Transformationsfonds" bis zum Jahr 2028 sowie Austauschseiten zum Entwurf eines Gesetzes über die Feststellung des Bundeshaushaltsplans für das Haushaltsjahr 2025 (Haushaltsgesetz 2025—HG 2025), zum Entwurf des Bundeshaushaltsplans 2025 und zum Finanzplan des Bundes 2024 bis 2028.* https://table.media/wp-content/uploads/2024/08/19192154/Kabvorlage-HH2025.pdf. Zugegriffen: 15. September 2025.

BMF – Bundesfinanzministerium (2024b). *Bundesregierung bringt Eckpunkte für einen Direktauszahlungsmechanismus auf den Weg.* Pressemitteilung Nummer 20/2024. https://www.bundesfinanzministerium.de/Content/DE/Pressemitteilungen/Finanzpolitik/2024/12/2024-12-18-direktauszahlungsmechanismus.html. Zugegriffen: 15. September 2025.

CDU/CSU & SPD (2025). Verantwortung für Deutschland Koalitionsvertrag zwischen CDU, CSU und SPD 21. Legislaturperiode. https://www.koalitionsvertrag2025.de/. Zugegriffen: 15. September 2025.

Dechezleprêtre, A., Fabre, A., Kruse, T., Planterose, B., Sanchez Chico, A., & Stantcheva, S. (2022). Fighting Climate Change: International Attitudes Toward Climate Policies. *NBER Working Paper 30265.* https://www.nber.org/papers/w30265. Zugegriffen: 15. September 2025.

DEHSt – Deutsche Emissionshandelsstelle (2022). *BEHG-Novelle.* https://www.dehst.de/SharedDocs/Newsletter/DE/2022/2022-11-28-nehs-behg-novelle-zertifikatspreise-behg-novelle.html. Zugegriffen: 15. September 2025.

Deutscher Bundestag (2024). *Gesetzentwurf der Bundesregierung. Entwurf eines Gesetzes über die Feststellung des Bundeshaushaltsplans für das Haushaltsjahr 2025 (Haushaltsgesetz 2025 – HG 2025). Drucksache 20/12400.* https://dserver.bundestag.de/btd/20/124/2012400.pdf. Zugegriffen: 15. September 2025.

Edenhofer, J., & Genovese, F. (2024). When and why compensation can unlock the green energy transition. *Progressive Politics Research Network Research Brief Series 2: The Political Viability of Climate Policies.* https://politicscentre.nuffield.ox.ac.uk/media/zdubebua/1_edenhofer_genovese.pdf. Zugegriffen: 15. September 2025.

Edenhofer, O., Eydam, U., Heinemann, M., Kalkuhl, M. & Moretti, N. (2025a). *A Green Golden Rule for Climate Policy.* SSRN: https://papers.ssrn.com/sol3/papers.cfm?abstract_id=5119380. Zugegriffen: 15. September 2025.

Edenhofer, O., Eydam, U., Heinemann, M., Kalkuhl, M. & Moretti, N. (2025b). Rechtfertigt Klimapolitik eine Erhöhung der Verschuldung? Eine grün-goldene Regel für die Klimapolitik. *Preprint.* https://www.pik-potsdam.de/members/mkalkuhl/ggr-webseite-draft.pdf. Zugegriffen: 15. September 2025.

Edenhofer, O., Flachsland, C., Kalkuhl, M., Knopf, B., & Pahle, M. (2019). Optionen für eine CO_2-Preisreform. MCC-PIK-Expertise für den Sachverständigenrat zur Begutachtung der gesamtwirtschaftlichen Entwicklung. *Arbeitspapier 04/2019*. https://www.pik-potsdam.de/de/institut/abteilungen/klimaoekonomie-und-politik/mcc-dokumente-archiv/2019_mcc_optionen_fuer_eine_co2-preisreform_final.pdf. Zugegriffen: 15. September 2025.

Edenhofer, O., Kalkuhl, M., & Roolfs, C. (2021). Carbon Pricing and Revenue Recycling: An Overview of Vertical and Horizontal Equity Effects for Germany. *CESifo Forum, 22*(5), 10–14.

FÖS – Forum Ökologisch-Soziale Marktwirtschaft (2023). *Subventionssteckbrief: Die Entfernungspauschale*. https://foes.de/publikationen/2023/2023_11_FOES_Subventionssteckbrief-Entfernungspauschale.pdf. Zugegriffen: 15. September 2025.

Gagnebin, M., Graichen, P., & Lenck, T. (2019). *Die Gelbwesten-Proteste. Eine (Fehler-) Analyse der französischen CO_2-Preispolitik*. Agora Energiewende. https://www.stiftung-mercator.de/de/publikationen/die-gelbwesten-proteste/. Zugegriffen: 15. September 2025.

Gazmararian, A. F., & Tingley, D. (2023). *Uncertain Futures: How to Unlock the Climate Impasse*. Cambridge: Cambridge University Press.

Günther, C., Pahle, M., Govorukha, K., Osorio, S., & Fotiou, T. (2024). *Carbon prices on the rise? Shedding light on the emerging EU ETS2*. https://ssrn.com/abstract=4808605. Zugegriffen: 15. September 2025.

Illenseer, N., & Schenk, A.-K. (2024). *Der KTF auf unsicheren Füßen: Herausforderungen für die Finanzierung der Klimapolitik in Deutschland*. https://www.pik-potsdam.de/de/institut/abteilungen/klimaoekonomie-und-politik/mcc-dokumente-archiv/2024_mcc_der_ktf_auf_unsicheren_fuessen.pdf. Zugegriffen: 15. September 2025.

Jacobsen, M. R. (2013). Evaluating US Fuel Economy Standards in a Model with Producer and Household Heterogeneity. *American Economic Journal: Economic Policy, 5*(2), 148–187.

Kaestner, K., Pahle, M., Schwarz, A., Sommer, S., & Stünzi, A. (2023). Experts' conjectures, people's statements and true preferences: The case of carbon price support. *USAEE Working Paper No. 23–591*. https://ssrn.com/abstract=4509419. Zugegriffen: 15. September 2025.

Kalkuhl, M., Amberg, M., Bergmann, T., Knopf, B., & Edenhofer, O. (2022). *Gaspreisdeckel, Mehrwertsteuersenkung, Energiepauschale – Wie kann die Bevölkerung zielgenau und schnell entlastet werden?* https://www.pik-potsdam.de/de/institut/abteilungen/klimaoekonomie-und-politik/mcc-dokumente-archiv/2022_mcc_gaspreise_und_entlastungsmassnahmen.pdf. Zugegriffen: 15. September 2025.

Kalkuhl, M., Kellner, M., Kögel, N., & Stern, L. (2024a). Pareto-improving climate policy with dynamic cost heterogeneity in the building sector. *CEPA Discussion Paper*. https://publishup.uni-potsdam.de/frontdoor/index/index/docId/66606. Zugegriffen: 15. September 2025.

Kalkuhl, M., Kellner, M., Roolfs, C., Rütten, K., George, J., Bekk, A., Held, A., Heinemann, M., Eydam, U., Moore, N. aus dem, Pahle, M., Schwarz, A., Fahl, U., Blum, M., & Treichel-Grass, K. (2023). *Kurzdossier: Optionen zur Verwendung der Einnahmen aus der CO_2-Bepreisung. Steuer- und fiskalpolitische Aspekte der Energiewende*. https://ariadneprojekt.de/publikation/kurzdossier-optionen-zur-verwendung-der-einnahmen-aus-der-co2-bepreisung/. Zugegriffen: 15. September 2025.

Kalkuhl, M., Kellner, M., Rütten, K., Flinner, S., Schenk, A.-K. & Edenhofer, O. (2024b). CO_2-Bepreisung im Gebäudesektor. Gezielte Entlastung durch ein Gebäudeklimageld schaffen. *MCC Klimapolitik aktuell.* https://www.pik-potsdam.de/de/institut/abteilungen/klimaoekonomie-und-politik/mcc-dokumente-archiv/2024_mcc_co2-bepreisung_im_gebaeudesektor.pdf. Zugegriffen: 15. September 2025.

Kalkuhl, M., Knopf, B., & Edenhofer, O. (2021). *CO_2-Bepreisung: Mehr Klimaschutz mit mehr Gerechtigkeit.* https://www.pik-potsdam.de/de/institut/abteilungen/klimaoekonomie-und-politik/mcc-dokumente-archiv/2021_mcc_klimaschutz_mit_mehr_gerechtigkeit.pdf. Zugegriffen: 15. September 2025.

Kalkuhl, M., Stomper, A., Kögel, N., Gerstmeier, F. (2024c). Höhe und Verteilung der gesellschaftlichen Kosten heizbedingter Emissionen. Eine Typologie deutscher Wohngebäude. *FEIRE – Financing Ecological Investments in Real Estate,* April 2024. https://feire.isqd.de/wp-content/uploads/2024/04/FEIRE_TechnicalReport_Typology.pdf. Zugegriffen: 15. September 2025.

Kellner, M., Knopp, F., Haywood, L., Roolfs, C., Flachsland, C., & Kalkuhl, M. (2022a). *Analyse: Klimapolitik zwischen CO_2-Bepreisung und Förderprogrammen – Eine fiskalpolitische Betrachtung.* https://ariadneprojekt.de/publikation/zwischen-co2-bepreisung-und-foerderprogrammen/. Zugegriffen: 15. September 2025.

Kellner, M., Roolfs, C., Rütten, K., Bergmann, T., Hirsch, J., Haywood, L., Konopka, B., & Kalkuhl, M. (2022b). *Entlastung der Haushalte von der* CO_2*-Bepreisung: Klimageld vs. Absenkung der EEG-Umlage.* https://ariadneprojekt.de/media/2022/05/Ariadne-Analyse_Rueckerstattung_Juni2022.pdf. Zugegriffen: 15. September 2025.

Klenert, D., Mattauch, L., Combet, E., Edenhofer, O., Hepburn, C., Rafaty, R., & Stern, N. (2018). Making carbon pricing work for citizens. *Nature Climate Change, 8*(8), 669–677.

Knopf, B., & Illenseer, N. (2023). *Die Finanzierung der Transformation: Klimafonds, Klimageld und Kernhaushalt.* https://www.pik-potsdam.de/de/institut/abteilungen/klimaoekonomie-und-politik/mcc-dokumente-archiv/2023_mcc_die_finanzierung_der_transformation.pdf. Zugegriffen: 15. September 2025.

Konc, T., Edenhofer, J., & Steckel, J. C. (2024). Climate policy in hard times: Why making compensation work is key for preventing backlash, but much harder than economists usually acknowledge. *Im Erscheinen.*

Konopke, B. (2024). *Klimageld: Konsequente Digitalisierung*. KlimaBlog, 26. Juli 2024. https://klimablog.org/2024/07/26/klimageld-konsequente-digitalisierung/. Zugegriffen: 15. September 2025.

Krause, A., Zimmermann, M. & Herda, I. (2022). Überlegungen zu einem Gebäude- und Wohnungsregister: Aufbau, Pflege und Nutzung. *WISTA – Wirtschaft und Statistik 4/2022.* https://www.destatis.de/DE/Methoden/WISTA-Wirtschaft-und-Statistik/2022/04/ueberlegungen-gebaeude-wohnungsregister-042022.pdf?__blob=publicationFile&v=5. Zugegriffen: 15. September 2025.

Le Monde & AFP (2019). *Acte XI: les « gilets jaunes » tiraillés mais determines.* https://www.lemonde.fr/societe/article/2019/01/25/acte-xi-les-gilets-jaunes-tirailles-mais-determines_5414570_3224.html. Zugegriffen: 15. September 2025.

Levinson, A. (2019). Energy Efficiency Standards Are More Regressive Than Energy Taxes: Theory and Evidence. *Journal of the Association of Environmental and Resource Economists, 6*(S1), 7–36.

Löschel, A. (2021). Energie- und Klimapolitik gibt es nicht umsonst. *ifo Schnelldienst, 6*(74), 3–6.

Luderer, G. (Hrsg.), Bartels, F. (Hrsg.), Brown, T. (Hrsg.), Aulich, C., Benke, F., Fleiter, T., Frank, F., Ganal, H., Geis, J., Gerhardt, N., Gnann, T., Gunnemann, A., Hasse, R., Herbst, A., Herkel, S., Hoppe, J., Kost, C., Krail, M., Lindner, M., Neuwirth, M., Nolte, H., Pietzcker, R., Plötz, P., Rehfeldt, M., Schreyer, F., Seibold, T., Senkpiel, C., Sörgel, D., Speth, D., Steffen, B. & Verpoort, P. C. (2025): Die Energiewende kosteneffizient gestalten: Szenarien zur Klimaneutralität 2045. Kopernikus-Projekt Ariadne, Potsdam. https://doi.org/10.48485/pik.2025.003. Zugegriffen: 15. September 2025.

MCC – Mercator Research Institute on Global Commons and Climate Change. (2024). *CO_2-Preis-Rechner: Das kostet sozial ausbalancierter Klimaschutz in Deutschland.* https://mcc-berlin.shinyapps.io/co2preisrechner/. Zugegriffen: 15. September 2025.

Mohammadzadeh Valencia, F., Mohren, C., Ramakrishnan, A., Merchert, M., Minx, J. C., & Steckel, J. C. (2024). Public support for carbon pricing policies and revenue recycling options: A systematic review and meta-analysis of the survey literature. *Npj Climate Action, 3*(1), 1–10.

Morawiecki, M. (2022). *Financial Times. Opinion EU energy. Polish PM: The green transition cannot come at the cost of European security.* https://www.ft.com/content/3d592adc-b0b0-4098-8616-9d615c9fcde5. Zugegriffen: 15. September 2025.

Nuffield Politics Research Centre (o. D.). Progressive Politics Research Network, *Research Briefs*. https://politicscentre.nuffield.ox.ac.uk/progressive-politics-research-network/research-briefs/. Zugegriffen: 15. September 2025.

Ohlendorf, N., Jakob, M., Minx, J. C., Schröder, C., & Steckel, J. C. (2021). Distributional Impacts of Carbon Pricing: A Meta-Analysis. *Environmental and Resource Economics, 78*(1), 1–42.

Pietzcker, R., Feuerhahn, J., Haywood, L., Knopf, B., Leukhardt, F., Luderer, G., Osorio, S., Pahle, M., Dias Bleasby Rodrigues, R., & Edenhofer, O. (2021). *Notwendige CO_2-Preise zum Erreichen des europäischen Klimaziels 2030.* https://ariadneprojekt.de/publikation/notwendige-co2-preise-zum-erreichen-des-europaeischen-klimaziels-2030/. Zugegriffen: 15. September 2025.

Pizer, W. A., & Sexton, S. (2019). The Distributional Impacts of Energy Taxes. *Review of Environmental Economics and Policy, 13*(1), 104–123.

Roolfs, C., Kalkuhl, M., Amberg, M., Bergmann, T., & Kellner, M. (2021). *Documentation of the CO_2-price incidence webtool «MCC CO_2-Preis-Rechner».* https://zenodo.org/record/5094561. Zugegriffen: 15. September 2025.

Sommer, S., Mattauch, L., & Pahle, M. (2022). Supporting carbon taxes: The role of fairness. *Ecological Economics, 195.*

SPD, Bündnis 90/Die Grünen & FDP (2021). *Mehr Fortschritt wagen. Bündnis für Freiheit, Gerechtigkeit und Nachhaltigkeit: Koalitionsvertrag 2021–2025.* https://www.spd.de/fileadmin/Dokumente/Koalitionsvertrag/Koalitionsvertrag_2021-2025.pdf. Zugegriffen: 15. September 2025.

Wolf, I., Huttarsch, J.-H., Fischer, A.-K., & Ebersbach, B. (2022). *Soziales Nachhaltigkeitsbarometer 2022. Was die Menschen in Deutschland bewegt—Ergebnisse einer Panelstudie zu den Themen Energie und Verkehr.* https://ariadneprojekt.de/publikation/soziales-nachhaltigkeitsbarometer-2022/. Zugegriffen: 15. September 2025.

Zhao, J., & Mattauch, L. (2022). When standards have better distributional consequences than carbon taxes. *Journal of Environmental Economics and Management, 116.*

Zukunft KlimaSozial (2025). Beispiele für klimasoziale Maßnahmen in Europa. *KlimaSozial kompakt, Februar 2025.* https://zukunft-klimasozial.de/wp-content/uploads/2025/02/ZKSkompakt_EU_Beispiele.pdf. Zugegriffen: 15. September 2025.

Die Zukunft der CO_2-Bepreisung 5

5.1 Ein Markt für Negativemissionen

5.1.1 Was kommt nach dem ETS-Endspiel?

Im Jahr 2039 wird im Europäischen Emissionshandelssystem für die Energiewirtschaft und die Industrie das letzte Zertifikat vergeben.[1] Das steht fest, seitdem sich Europa „fit for 55“ gemacht hat, seitdem also mit dem Maßnahmenpaket zur Umsetzung des europäischen Klimaziels 2030 beschlossen wurde, den CO_2-Minderungspfad des Zertifikatehandels an das durch die Novelle des Europäischen Klimagesetzes gesteigerte Ambitionsniveau anzupassen. Das bedeutet, dass die energieintensive Industrie und die Energiewirtschaft in 15 Jahren ihre Emissionen nur noch decken können, indem sie in früheren Handelsjahren aufgesparte Zertifikate verwenden oder anderen Marktteilnehmer*innen Berechtigungen abkaufen. Neue Zertifikate werden ab diesem Zeitpunkt nicht mehr in Umlauf gebracht. Ab 2050 gehen voraussichtlich auch diese Reserven zur Neige. Kurz gesagt: Das Angebot wird knapp auf dem europäischen Emissionsmarkt. Die Auswirkungen des sich anbahnenden „Endspiels“ (Pahle et al. 2025) werden sich schon in der kommenden Dekade bemerkbar machen. Denn der Spielraum für Emissionsminderungen verengt sich zusehends und damit steigt der Preis.

[1] Einige wenige Emissionsberechtigungen im Flug- und Seeverkehr bleiben dabei unberücksichtigt. Werden diese miteinbezogen, sinkt das Angebot auf dem Zertifikatemarkt erst im Jahr 2044 auf null. Auch eine mögliche Ausweitung des ETS-Anwendungsbereichs und Anpassungen im Zuge eines Legislativpakets zur Umsetzung des neuen EU-Klimaziels 2040 bleiben hier unberücksichtigt.

O. Edenhofer et al., *CO_2 hat seinen Preis,*
https://doi.org/10.1007/978-3-658-50400-7_5

Diese Entwicklung hat politische Sprengkraft, da die vom ETS1 regulierten Sektoren zu diesem Zeitpunkt noch nicht komplett emissionsfrei sein werden. Einige Prozessemissionen in der energieintensiven Grundstoffindustrie, z. B. in der Stahl- und Zementherstellung und in der Chemieindustrie, lassen sich mit den heute verfügbaren Technologien kaum oder nur zu übermäßig hohen Kosten vermeiden. Auch der Flugverkehr und die Schifffahrt werden bis 2040 nicht komplett emissionsfrei sein (ESABCC 2024). Da diese Sektoren auf die Zufuhr von flüssigen Brennstoffen angewiesen sind und somit nicht elektrifiziert werden können, kommen sie zumindest mittelfristig nicht ohne Öl als Brennstoff aus (Luderer et al. 2022). Das bedeutet auch, dass der Zertifikatepreis vor dem Hintergrund des sich verknappenden Angebots im Emissionshandel in den nächsten Jahren voraussichtlich drastisch steigen dürfte: Bis 2040 könnten Emissionsberechtigungen für 220 bis 430 € pro Tonne CO_2 gehandelt werden. Ein zusätzlicher Anstieg der Preise um weitere hundert Euro bis 2050 ist nicht unwahrscheinlich (Pahle et al. 2023; Sultani et al. 2024). Gleichzeitig werden Marktteilnehmer*innen in Anbetracht schwindender Emissionsberechtigungen zunehmend Zertifikate *banken,* das heißt, sie für spätere Jahre zurücklegen. Da bei einer hohen *Banking*-Rate ein größerer Anteil an Zertifikaten über ein ETS-Instrument zur Marktstabilisierung, die sogenannte Marktstabilitätsreserve, aus dem Umlauf genommen wird, entsteht eine Verknappungsspirale (Pahle et al. 2025). Diese kann wiederum starke Preisschwankungen auslösen, sodass die tatsächliche Signalwirkung des Preises verloren gehen könnte und die Akzeptanz des Systems unter den Markakteur*innen zu schwinden droht. Diese Perspektive ist besorgniserregend: Im schlimmsten Fall könnte ein knapper Markt mit extremen Preissteigerungen und -schwankungen die politische Stabilität des Klimaschutzes als Ganzes ins Wanken bringen.

Was aber bedeutet die sich verändernde Dynamik tatsächlich für die Zukunft des Europäischen Emissionshandels? Hat der Markt für CO_2-Zertifikate mit der Ausgabe des letzten Emissionsrechts ausgedient? Droht er schlicht, sich selbst abzuschaffen oder gar zu kollabieren? Mitnichten! Zum einen muss ein Umgang mit den schwer vermeidbaren Restemissionen in den ETS-Sektoren gefunden werden, wenn auf dem Markt eigentlich keine Emissionsberechtigungen mehr verfügbar sind. Zum anderen enden die Aufgaben der Klimapolitik nicht mit dem Netto-Null-Ziel. Denn in der zweiten Hälfte des Jahrhunderts muss in der Atmosphäre „aufgeräumt“ werden (Edenhofer und Kalkuhl 2024; Smith et al. 2023, 2024).

Durch CO_2-Entnahmen (sogenanntes *Carbon Dioxide Removal,* CDR), also das aktive Entziehen von CO_2 aus der Atmosphäre mit anschließender Speicherung des Kohlenstoffdioxids, kann einerseits Flexibilität während des ETS-

Endspiels geschaffen werden. Durch Entnahmen können Restemissionen mit unverhältnismäßig hohen Minderungskosten auf günstigere Weise ausgeglichen werden. Andererseits bietet CDR die Möglichkeit, langfristig die Konzentration des Treibhausgases in der Atmosphäre zu reduzieren, um so die Temperaturkurve „zurückzubiegen" und drohende Klimaschäden abzuwenden. Das ist notwendig, weil die 1,5 °C-Grenze aller Voraussicht nach zumindest temporär verfehlt wird (Mooney et al. 2022; Warszawski et al. 2021). Um die Temperaturen nach diesem *Overshoot,* also dem Überschießen der Temperatur, auf ein sicheres Niveau zurückzubringen, muss das überschüssige CO_2 durch Netto-Negativemissionen langfristig wieder aus der Atmosphäre geholt werden – es muss also mehr CO_2 entnommen als emittiert werden. Kurz gesagt: Wir brauchen eine „planetarische Müllabfuhr" – mittelfristig für das Erreichen des Netto-Null-Ziels und langfristig für den Abbau des *Overshoots* (Abb. 5.1).

Für die Entnahme von CO_2 gibt es verschiedene Optionen (vgl. Hintergrund-Textbox). Bislang gehen nahezu alle CO_2-Entnahmen auf konventionelle landbasierte Projekte wie (Wieder-)Aufforstung und verbessertes Waldmanagement zurück (Smith et al. 2024). Bäume binden Kohlenstoff auf natürliche Weise, speichern diesen allerdings nur für einige Dekaden bis Jahrhunderte (Abb. 5.2). Brennt ein Baum ab oder zersetzt sich am Ende seiner Lebenszeit, entweicht wieder CO_2 in die Atmosphäre – der langfristige Nutzen fürs Klima geht gegen null. Damit entsteht eine fortlaufende Verpflichtung, die Entnahme regelmäßig zu erneuern, andernfalls verfliegt die Klimawirkung (Franks et al. 2024). Deutlich langfristiger ist die Entnahme von CO_2 über neuartige Methoden wie etwa die technologische Filterung aus der Luft mit anschließender unterirdischer Speicherung (*Direct Air Capture and Carbon Storage,* DACCS) oder die Verwendung von Bioenergie mit CO_2-Abscheidung und -Speicherung (*Bioenergy with Carbon Capture and Storage,* BECCS).

Diese auf der geologischen Speicherung von CO_2 beruhenden Optionen sind bislang nicht ansatzweise im notwendigen Maßstab verfügbar. Bis 2050 müssen die Entnahmen durch neuartige CDR-Methoden weltweit fast um das 2.700-fache auf 3,5 Gigatonnen pro Jahr gesteigert werden (Smith et al. 2023, 2024). Hinzu kommen je nach Szenario jährlich knapp 7 Gigatonnen konventionelles CDR durch Aufforstung und ähnliche Methoden. Bis 2100 könnte der kumulierte Bedarf an CO_2-Entnahmen so bei mehreren Hundert Gigatonnen liegen. Diese sind als Absicherung gegen große Klimarisiken notwendig – etwa wenn weitere Emissionen die Erderwärmung noch stärker vorantreiben als bisher angenommen oder wenn sich abzeichnet, dass wir den Kipppunkten im Erdsystem noch näher sind als gedacht (Schleussner et al. 2024).

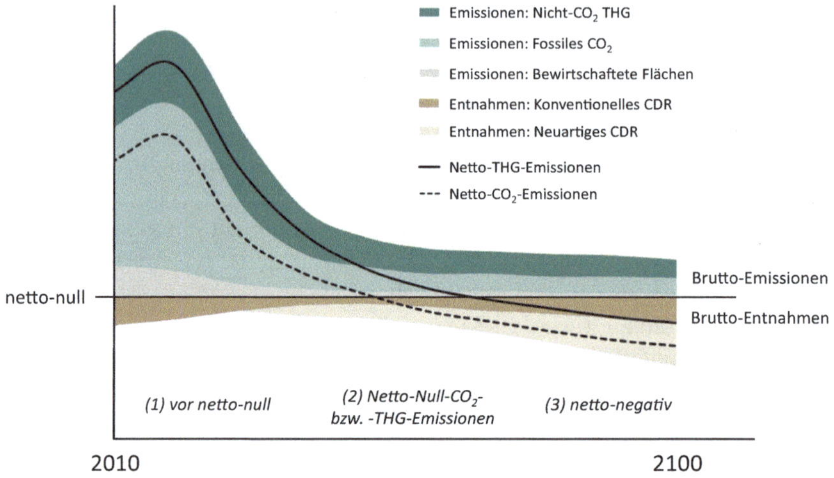

Abb. 5.1 Aufgaben von CDR auf einem stilisierten nationalen oder globalen Minderungspfad. (Quelle: eigene Darstellung basierend auf Geden et al. (2024))

Hintergrundinformationen

Was ist CDR?

CDR (Carbon Dioxide Removal) ist ein Sammelbegriff für menschliche Aktivitäten, die CO_2 aus der Atmosphäre entnehmen und längerfristig speichern. CDR, auch CO_2-Entnahme genannt, dient also im Prinzip als eine Art „planetare Müllabfuhr“ (Edenhofer und Kalkuhl 2024): Zuvor emittiertes CO_2, das sich in der Atmosphäre angesammelt hat, kann durch CDR wieder abgebaut werden – in der Atmosphäre wird also „saubergemacht“. Diese Müllabfuhr ist keine Alternative zur Vermeidung von Emissionen, denn CDR-Optionen werden auch langfristig nur in begrenztem Umfang verfügbar sein. Da aber die Bemühungen, die globalen Emissionen zu reduzieren, in der Vergangenheit unzureichend waren und die Erderwärmung aller Voraussicht nach in absehbarer Zeit die 1,5 °C-Schwelle überschreiten wird, ist CDR notwendig, um die atmosphärische CO_2-Konzentration (langfristig) auf klimaverträgliche Maße zurückzuführen („Erwärmung zurückdrehen“). Kurz- und mittelfristig kann CDR außerdem die Netto-

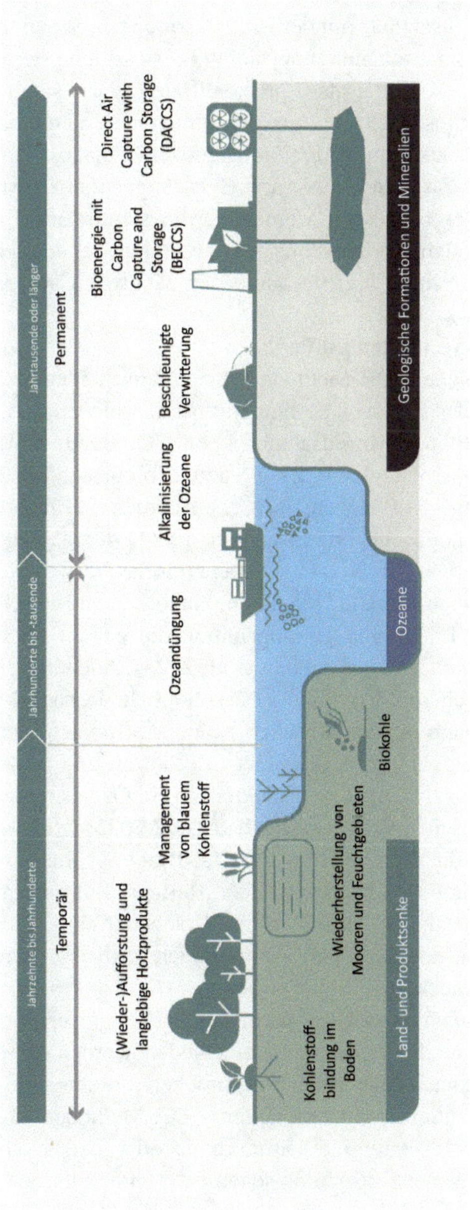

Abb. 5.2 Speicherdauer der verschiedenen Kohlenstoffsenken. (Quelle: In Anlehnung an ESABCC (2025); eigene Übersetzung)

Emissionsmenge zusätzlich mindern („Erwärmung bremsen") und schwer vermeidbare Restemissionen kompensieren („Erwärmung stoppen").

Damit sich eine Aktivität als CDR qualifiziert, muss sie drei Prinzipien erfüllen: Erstens muss das CO_2 aus der Atmosphäre entnommen werden, es darf also nicht aus dem Verbrennungsprozess von fossilen Ressourcen gezogen werden. Zweitens muss das CO_2 längerfristig gespeichert und nicht direkt wieder freigesetzt werden. Drittens muss die Entnahme auf menschliches Handeln zurückgehen und zusätzlich zu dem erfolgen, was natürliche Senken ohne Eingriffe durch den Menschen gespeichert hätten (Geden et al. 2024).

Welche CDR-Methoden gibt es?

Es gibt zahlreiche CDR-Methoden. Sie unterscheiden sich darin, wie sie das CO_2 aus der Atmosphäre binden und in welchen Speicher sie den Kohlenstoff überführen. Grundsätzlich kann CO_2 durch biologische oder (geo-)chemische Prozesse gebunden werden. Biologische Prozesse beruhen auf dem Wachstum von Pflanzen, z. B. von Bäumen, Seegras oder Energiepflanzen. (Geo-)chemische Prozesse binden CO_2 durch nicht-biologische chemische Reaktionen, z. B. durch geochemische Verwitterungsprozesse, bei denen Mineralien mit CO_2 reagieren. Andere chemische Prozesse verwenden spezielle Filter- und Lösungsmittel, die gezielt für die CO_2-Abscheidung entwickelt wurden (Geden et al. 2024). Auch eine Kombination biologischer und chemischer Prozesse ist möglich. Je nach Methode wird der Kohlenstoff dann in verschiedenen Kohlenstoffpools gespeichert: a) in der Land- und Produktsphäre, das heißt in Pflanzen und Böden oder langlebigen Produkten (z. B. in Holzprodukten), b) in Ozeanen und c) in Mineralien und geologischen Formationen (ESABCC 2025).

Abhängig von der Kombination aus CO_2-Bindungsprozess und Kohlenstoffspeicher variieren der technologische Reifegrad, die Entnahmekosten, die ökologischen und gesellschaftlichen Nebeneffekte, die Entnahmepotenziale, die in verschiedenen Weltregionen realisiert werden können, und die Speicherdauer.

Grundsätzlich kann zwischen permanenten und reversiblen oder temporären Formen der Speicherung unterschieden werden. Ab wann genau von einer permanenten Speicherung gesprochen werden kann, wird in der Wissenschaft diskutiert. Generell gelten CDR-Methoden als permanent, die den Kohlenstoff für einige Jahrtausende oder länger aus der Atmosphäre ziehen und meist in geologischen oder mineralischen Reservoiren speichern. Auch spezielle Formen der Speicherung in Ozeanen ermöglichen mitunter eine permanente CO_2-Entnahme. Allerdings befinden sich die CDR-Methoden mit Speicherung in Ozeanen noch in einem vergleichbar frühen Entwicklungsstadium und die mögliche Speicherdauer variiert je nach Methode. Von kürzerer Dauer ist die Speicherung von Kohlenstoff in der Land- und Produktsphäre. Das dort gespeicherte CO_2 kann – je nach Speichermethode – nach einigen Jahren, Jahrzehnten oder Jahrhunderten wieder freigesetzt werden. Die Entnahme müsste dann erneuert werden, damit der gewünschte Klimaeffekt bestehen bleibt.

Eine weitere wichtige Unterscheidung kann zwischen konventionellen und neuartigen CDR-Methoden getroffen werden. Zu den konventionellen Maßnahmen zählen viele CDR-Methoden, die Kohlenstoff in der Land- und Produktsphäre speichern, beispielsweise die (Wieder-) Aufforstung, die Verwendung langlebiger Holzprodukte und die Anreicherung von Kohlenstoff in landwirtschaftlich genutzten Böden. Diese Maßnahmen finden schon heute breite Anwendung. Neuartige CDR-Methoden wie etwa die technologische Filterung aus der Luft mit anschließender unterirdischer Speicherung (DACCS) oder die Verwendung von Bioenergie mit CO_2-Abscheidung und -Speicherung (BECCS) befinden sich in einem sehr viel früheren Entwicklungsstadium. Sie werden momentan vor allem in Pilotprojekten umgesetzt und machen derzeit weniger als 0,1 % der jährlichen globalen Entnahmen von etwa 2 $GtCO_2$ aus (Smith et al. 2024). Um in Zukunft genügend CO_2 aus der Atmosphäre entfernen zu können, müssen neue Methoden dringend ausgebaut werden. Außerdem ermöglichen nur einige der neuartigen Methoden die permanente Speicherung von CO_2.

5.1.2 Integration von „Clean-up"-Zertifikaten in den Emissionshandel

Die gigantischen Entnahmemengen, die schon bis Mitte des Jahrhunderts erreicht werden müssen, erfordern nicht nur die Entwicklung und einen einzigartig schnellen Markthochlauf neuer Technologien, sie müssen auch dauerhaft finanziert werden. Allein für die EU könnten in 2050 so Kosten in Höhe von 0,1 % bis 0,8 % des jährlichen EU-Bruttoinlandsprodukts entstehen (Edenhofer und Leisinger 2024; ESABCC 2025). Den EU-Haushalt und die Staatskassen der Mitgliedsländer dürfte diese Summe angesichts ohnehin existierender fiskalischer Engpässe und neuer Ausgabenkonkurrenzen schlichtweg überfordern. Eine mögliche

Lösung bietet der Europäische Emissionshandel. Durch die Öffnung des Kohlenstoffmarktes für Negativemissionen könnten wichtige private Mittel zur Finanzierung von CO_2-Entnahmen mobilisiert werden.

Eine Option dafür ist die Einführung eines neuen Zertifikattyps, der „Clean-up"-Zertifikate (Edenhofer et al. 2024a, c; Lessmann et al. 2024).[2] Diese würden Emissionsberechtigungen für Unternehmen an die Verpflichtung zu Entnahmen koppeln und so sektorale, räumliche oder zeitliche Flexibilität im Dekarbonisierungsprozess schaffen. Das kann einerseits die Kosten des Klimaschutzes senken und andererseits die Steuerung von Netto-Negativ-Emissionen ermöglichen. Der Erwerb eines solchen „Clean-up"-Zertifikats würde Unternehmen zu weiteren Emissionen in der Gegenwart berechtigen, sofern diese Mehremissionen zu einem späteren Zeitpunkt kompensiert werden. Für das Unternehmen entstünde eine Kohlenstoffschuld, welche von den Emittenten – ähnlich einer finanziellen Verbindlichkeit – bis zum Ablauf einer gesetzten Frist abgetragen werden muss. Neben einem Eins-zu-eins-Ausgleich zwischen erlaubten Emissionen und bindender Entnahme wären auch strengere Austauschverhältnisse denkbar. Beispielsweise könnten Unternehmen verpflichtet werden, eine emittierte Tonne CO_2 mit der Entnahme von zwei Tonnen CO_2 auszugleichen. Der Kauf eines „Clean-up"-Zertifikats mit einem solchen verschärften Austauschverhältnis wäre für Unternehmen dann attraktiv, wenn sie davon ausgehen, dass die Kosten für CO_2-Entnahmetechnologien in Zukunft deutlich sinken werden.

Entscheidend dafür, ob sich Unternehmen auf den „Clean-up-Deal" einlassen, sind also die Erwartungen an den technologischen Fortschritt im Entnahmesektor. Werden nämlich „Clean-up"-Zertifikate auf dem Markt angeboten, müssen die Unternehmen Farbe bekennen: Kaufen sie diese nicht, machen sie dadurch klar, dass für sie die Vermeidung von Emissionen auch auf lange Sicht erwartbar günstiger ist und sich der Erwerb von Entnahme-Zertifikaten nicht lohnt. Und genau das ist der Vorteil dieses Ansatzes. Denn er bezieht Unternehmen in die Bewertung des erwarteten technologischen Fortschritts im CDR-Sektor ein, anstatt sich ausschließlich auf die Einschätzung öffentlicher Institutionen und Behörden zu verlassen. „Clean-up"-Zertifikate lassen Unternehmen also die Wahl. Sie erzwingen den Einsatz von CDR nicht, sondern ermöglichen ihn durch freiwillige Verträge, sofern er sich aus Unternehmenssicht rechnet.

[2] Eine umfassendere Übersicht und Diskussion der Politikinstrumente zur Regulierung und Finanzierung von CO_2-Entnahmen bietet der CDR-Bericht des *European Scientific Advisory Board on Climate Change* (ESABCC, 2025).

Durch die Einführung von „Clean-up"-Zertifikaten wäre einerseits gewährleistet, dass Emittenten für die Kosten der Negativemissionen aufkommen. Andererseits würde die Integration von CO_2-Entnahmen in den Emissionshandel wichtige Signale für die Entwicklung neuartiger CDR-Methoden senden. Denn die Perspektive eines gesicherten Marktes kann für Investor*innen den Ausschlag geben, Entwicklungsprozesse anzukurbeln und neuartigen CDR-Methoden zum Markteintritt zu verhelfen. Insbesondere teure Technologien wie DACCS könnten so von bisher vereinzelten Pilotprojekten zum großflächigen Einsatz gebracht werden. Darüber hinaus hätte die Integration von „Clean-up"-Zertifikaten in den Emissionshandel auch einen positiven Effekt auf den Emissionsmarkt selbst. Denn die Einführung von Zertifikaten, die de facto ein geregeltes und kontrolliertes Management des unvermeidbar gewordenen *Overshoots* ermöglichen, würde die für die Dekarbonisierung notwendigen Kraftanstrengungen der regulierten Firmen über einen größeren Zeitraum strecken. Das könnte den Markt in seinem Endspiel entspannen und den Preis für herkömmliche Emissionsrechte stabilisieren bzw. senken. Würden CO_2-Entnahmen über permanentes CDR, also z. B. BECCS und DACCS, durch „Clean-up"-Zertifikate ins ETS integriert, könnte der CO_2-Preis im ETS1 Mitte des Jahrhunderts möglicherweise um mehrere Hundert Euro niedriger liegen als in einem Szenario ohne CDR-Integration (Sultani et al. 2024). Es wäre allerdings auch denkbar, für die eingeführten „Clean-up"-Zertifikate klassische Emissionsberechtigungen stillzulegen. Damit könnte das Ambitionsniveau für Emissionsreduktionen erhöht werden, ohne dass die Vermeidungskosten weiter in die Höhe getrieben würden. Je nach Ausgestaltung des Instruments kann so eine Balance zwischen ökonomischer Flexibilität und ökologischer Integrität gefunden werden.

Damit der Emissionshandel auf den Umgang mit Negativemissionen vorbereitet ist, muss auch der institutionelle Rahmen angepasst werden. Ein robustes Zertifizierungssystem mit einheitlichen und nachvollziehbaren Regeln ist eine entscheidende Voraussetzung, um den Emissionshandel für CO_2-Entnahmen zu öffnen. Ein solches Zertifizierungssystem ermöglicht eine präzise Erfassung der Entnahmemengen, schafft transparente Nachweise über die tatsächliche Speicherdauer von Kohlenstoff in verschiedenen Senken und ermöglicht dadurch eine verlässliche Bewertung ihrer Klimawirkung. Ein Zertifizierungssystem ist auch wichtig, um zu bestimmen, wer haftet, wenn CO_2 aus einer Senke entweicht. Außerdem lässt sich mit einer robusten Zertifizierung sicherstellen, dass die Entnahmen keine ökologischen und sozialen Nachhaltigkeitsrisiken bergen und dass sie *zusätzlich* erfolgen – also über das hinausgehen, was ohnehin geschehen wäre (ESABCC 2025).

Damit die Integrität des Kohlenstoffmarktes gewahrt werden kann, sollten CO_2-Entnahmen nur schrittweise in das ETS eingeführt werden (Burke und Schenuit 2024; ESABCC 2025; Sultani et al. 2024). Auch die Wahl der im ETS zulässigen CDR-Methoden erfordert besondere Sorgfalt: Während Entnahmeverfahren, die CO_2 dauerhaft speichern – so wie BECCS oder DACCS – prinzipiell gut für eine Einbindung geeignet sind, sollten die konventionellen landbasierten Optionen wie die (Wieder-)Aufforstung und das verbesserte Forstmanagement vorerst nicht über das bestehende ETS reguliert werden. Denn die Regulierung dieser Optionen birgt institutionelle Herausforderungen, insbesondere aufgrund der begrenzten Speicherdauer von CO_2 in Landsenken. Emissionen aus der Verbrennung fossiler Ressourcen mit relativ kurzlebigen Emissionen aufzuwiegen, ist problematisch. Ein entsprechender Monitoring- und Governance-Rahmen müsste die Freisetzung von eingespeichertem CO_2 akribisch erfassen und durch erneute Entnahmen ausgleichen – die Anforderungen an ein solches System sind extrem hoch.

Außerdem erzeugen kurzlebige, landbasierte Entnahmen potenziell gewaltige Kosten. Denn durch die Notwendigkeit, die Entnahmen fortlaufend zu erneuern, addieren sich diese auf; steigende Landpreise beschleunigen diese Entwicklung. Und durch die hohe Anfälligkeit der Landsenken gegenüber Klimaextremen (beispielsweise durch die steigende Waldbrandgefahr) nimmt das Risiko von entweichendem CO_2 mit fortschreitendem Klimawandel zu. Die tatsächlichen Kosten der zunächst verhältnismäßig billig erscheinenden Speicherung von CO_2 in Wäldern und anderen Landsenken über das ETS einzupreisen, ist kompliziert. Eine weitere Schwierigkeit bei der Einbindung von Landsenken in den Emissionshandel liegt darin, verlässlich zu messen, ob sie tatsächlich zusätzliche Klimaschutzleistungen erbringen. Oft ist unklar, ob eine Fläche auch ohne Förderung aufgeforstet worden wäre, ob sich die Waldbewirtschaftung ohnehin verbessert hätte – oder ob es sich eben wirklich um eine neue, zusätzliche Senkenleistung handelt. Würden temporäre Entnahmen ohne wirksame Risikobegrenzung in den EU-Emissionshandel eingebunden, könnte dies die ökologische Integrität des Systems gefährden, Anreize zur Emissionsminderung schwächen oder Investitionen in dauerhafte Entnahmemethoden unterbinden. Kurz- bis mittelfristig sind diese Risiken nur schwer beherrschbar. Allerdings gibt es Überlegungen, ein separates System zu entwickeln, das Emissionen im Landsektor bepreist und Entnahmen vergütet. Aufgrund der Risiken sollte ein mögliches ETS für den Landsektor zunächst getrennt aufgebaut und nur mit Vorsicht und unter klar definierten Voraussetzungen mit den Bepreisungsmechanismen für andere Sektoren verknüpft werden.

Sollen (permanente) CO_2-Entnahmen über den Emissionshandel gesteuert werden, muss außerdem gewährleistet sein, dass sich Unternehmen ihrer Entnahmeverpflichtung nicht entledigen können, indem sie beispielsweise gezielt in Konkurs gehen, bevor sie für die Entnahme aufkommen. Das könnte über die Ausgabe von Schuldtiteln passieren. Diese Schuldtitel würden die emittierenden Firmen auch dafür haftbar machen, wenn frühzeitig CO_2 aus den zertifizierten Senken entweichen sollte. Die bestehenden Institutionen innerhalb der EU wären mit dieser komplexen Aufgabe wahrscheinlich überlastet. Abhilfe könnte eine neu zu gründende „Europäische Kohlenstoffzentralbank" (*European Carbon Central Bank,* ECCB) schaffen (z. B. Edenhofer et al. 2024a, b; Rickels et al. 2022) – eine unabhängige Institution, die den Zertifikatemarkt reguliert und bei Haftungsausfällen als „Kreditgeber letzter Instanz" einspringen könnte. Unternehmen, denen die Finanzierung von Entnahmen günstiger scheint als die Emissionsminderung, würden dann bei der Europäischen Kohlenstoffzentralbank ein „Clean-up"-Zertifikat zum Marktpreis erwerben und gleichzeitig eine finanzielle Sicherheit hinterlegen. Nach dem Ablauf einer festgelegten Frist müsste das Unternehmen entweder selbst CO_2 aus der Atmosphäre entnehmen oder diese Dienstleistung von einem anderen Anbieter einkaufen. Kommt es diesen Verpflichtungen nicht nach, behält die Kohlenstoffzentralbank den Schuldtitel ein und finanziert die Entnahmeleistung selbst. Begleicht ein Unternehmen seine Entnahmeschuld, wird die hinterlegte Sicherheit zurückerstattet.

5.2 Auf dem Weg zu einer effektiven internationalen Kooperation

5.2.1 Funktioniert Klimaschutz (nur) mit einem globalen Preis?

Ein umfassender, globaler CO_2-Preis, der weltweit für eine kosteneffiziente Reduktion der CO_2-Emissionen sorgt – wäre das die Ideallösung aus dem Ökonomik-Lehrbuch? Keinesfalls! Denn ein global einheitlicher CO_2-Preis wäre nicht gerecht. Er würde bedeuten, dass ärmere Länder die gleichen Vermeidungskosten tragen wie reiche Länder. Entwicklungsländer, für die Wirtschaftswachstum eine noch höhere Priorität hat als für Industriestaaten, würde dies vor Probleme stellen. Denn hohe Vermeidungskosten bedeuten – wenn sie durch Klimaschutzinstrumente wie den CO_2-Preis internalisiert werden – höhere Produktionskosten. Ohne entsprechende Absicherung könnten diese Preissteigerungen die sich entwickelnde Wirtschaft überfordern. Ein einheitlicher Preis wäre für Entwicklungsländer daher wahrscheinlich inakzeptabel. Er ließe sich nur dann rechtfertigen und politisch durchsetzen, wenn es zwischen armen und reichen Ländern zu Ausgleichszahlungen käme. Über die Höhe dieser Zahlungen kann gestritten werden, aber es steht außer Zweifel, dass es eine Art globalen Länderfinanzausgleich geben müsste. Genau an dieser Bereitschaft zur Kompensation fehlt es der internationalen Gemeinschaft allerdings. Transferleistungen, welche die Effekte eines mit dem Abkommen von Paris kompatiblen CO_2-Preises auf ärmere Länder abfedern könnten, sind so in der Praxis kaum realistisch. Ein globaler Einheitspreis bleibt daher zumindest bis auf Weiteres eine Fantasie.

Außerdem sind aktuell nicht überall auf der Welt die politischen Weichen für die Einführung eines CO_2-Preises gestellt. Zwar entscheiden sich neben den Industriestaaten auch zunehmend Schwellenländer dazu, CO_2-Preise einzuführen (vgl. Kap. 3). Doch viele Entwicklungsländer würde der Aufbau eines Bepreisungssystems vor institutionelle und administrative Herausforderungen stellen, die ohne starke Unterstützung von außen kaum für sie zu bewältigen wären. Darüber hinaus ist die Einführung eines nationalen CO_2-Preises in den USA aktuell alles andere als realistisch. Schon vor der Wiederwahl Donald Trumps zum US-Präsidenten standen die USA als das Land mit den zweithöchsten CO_2-Emissionen weltweit der CO_2-Bepreisung eher skeptisch gegenüber. Zwar gibt es in einzelnen Bundesstaaten bereits erfolgreiche Emissionsbepreisungssysteme, doch die Biden-Regierung setzte mit dem *Inflation Reduction Act* primär auf ein umfangreiches Subventionsprogramm für klimafreundliche Technologien – ein potenziell teures Unterfangen, aber ein legitimes Instrument zur Emissionsvermeidung. Seit Donald Trump erneut ins Weiße Haus eingezogen ist, haben sich die Vorzeichen für die Klimapolitik grundsätzlich geändert. Schon in den ersten Tagen seiner Amtszeit hat Präsident Trump den erneuten Austritt der USA aus dem Pariser Klimaabkommen eingeleitet, quer durch alle US-Behörden Kürzungen im Bereich Klimaschutz eingeläutet und das Budget des Weltklimarats drastisch gekürzt (Pötter 2025). Kurz: War ein global einheitlicher CO_2-Preis mit internationalen Ausgleichstransfers in einer Welt ohne Donald Trump im Amt unwahrscheinlich, so ist momentan nicht daran zu denken. Und so wird die internationale Gemeinschaft wohl weiter Klimapolitik mit differenzierten CO_2-Preisen betreiben müssen.

Differenzierte CO_2-Preise aber rufen Befürchtungen vor einem sogenannten *Leakage*-Effekt hervor: Die Nachfragereduktion nach fossilen Brennstoffen und der damit einhergehende Preisverfall in Regionen mit starken Klimainstrumenten könnten zu einem höheren Verbrauch fossiler Brennstoffe in Weltregionen ohne glaubwürdige Klimapolitik führen. Oder aber Industrieunternehmen, die sich in Europa mit einem hohen Emissionspreis konfrontiert sehen, würden ihre

Produktion ins CO_2-preisfreie Ausland verlagern. Oft wird in diesem Zusammenhang auch auf Hans-Werner Sinns Grünes Paradoxon verwiesen: Allein durch die Ankündigung einer ambitionierten Klimapolitik könnten die Exporteure fossiler Brennstoffe einen Wertverlust ihrer Ressourcen antizipieren und somit kurzfristig die Produktion steigern (Sinn 2008). Statt also den Klimawandel zu bekämpfen, drohe eine einseitige Klimapolitik, genau das Gegenteil zu bewirken, so die Argumentation von Sinn. Denn durch *Leakage*-Effekte und das Grüne Paradoxon könnten die Einsparungen der Klimavorreiter durch zusätzliche Emissionen in anderen Ländern nicht nur aufgehoben, sondern sogar übertroffen werden – mit dem Ergebnis einer weltweiten Emissionszunahme. Doch was nach einer grundlegenden Kritik an der Klimapolitik klingt, ist tatsächlich das Gegenteil: ein Aufruf für mehr internationale Kooperation. Die CO_2-Bepreisung ist ein geeignetes Mittel, um diese Kooperation anzureizen.

5.2.2 Wie ein CO_2-Preis zu mehr internationaler Kooperation führen kann

Die Gefahr eines Leckage-Effektes ist real. Wenn nicht politisch gegengesteuert wird, drohen energieintensive Unternehmen bei hohen CO_2-Preisen abzuwandern. Deindustrialisierung und verfehlter Klimaschutz wären die Folge. Die EU hat dies bislang verhindert, indem ein Teil der Emissionsberechtigungen umsonst an Industrieunternehmen ausgegeben wurde (ICAP 2024). Ob diese kostenlose Zuteilung die Produktions- und Emissionsminderungsentscheidungen von Unternehmen beeinflusst oder nicht, wird in der Wissenschaft diskutiert (z. B. Teixidó et al. 2019; Venmans 2016; Zaklan 2023). Klar ist aber, dass auf der Zielgeraden zu Netto-Null in den nächsten Jahren immer weniger Zertifikate für die kostenfreie Abgabe zur Verfügung stehen werden. Das bedeutet, dass die EU in jedem Fall Alternativen in Betracht ziehen muss, um das Problem der Abwanderung von Industrieunternehmen – und damit von Emissionen, dem sogenannten *Carbon Leakage* – zu adressieren.

Deshalb wird die EU die kostenlosen Zertifikatszuteilungen ab 2026 schrittweise durch einen Klimazoll ersetzen, der die heimische Industrie schützen soll. Über den sogenannten *Carbon Border Adjustment Mechanism* (CBAM) wird beim Import CO_2-intensiver Grundstoffe und ihrer Erzeugnisse in die EU künftig eine Abgabe erhoben, die der Differenz zwischen dem im EU ETS und im Herkunftsland erhobenen CO_2-Preis entspricht (Europäische Union 2023; Grubb et al. 2022). Dadurch werden die Importe von Stahl, Eisen, Aluminium, Zement, Düngemitteln, Strom und Wasserstoff effektiv mit dem gleichen CO_2-Preis belegt wie Produkte aus der EU. Das soll gleiche Wettbewerbsbedingungen schaffen und europäische Unternehmen so vor Abwanderungsdruck schützen.

Darüber hinaus kann der CBAM zu einem wichtigen Instrument der internationalen Klimakooperation werden. Denn der EU-Ausgleichszoll bewegt die Handelspartner der EU dazu, ebenfalls einen CO_2-Preis einzuführen. Sie stehen vor der Entscheidung, entweder selbst von Einnahmen zu profitieren oder diese an die EU abzutreten (Beaufils et al. 2023, 2024). Das hat geostrategisches Potenzial, da so eine Koalition von Ländern mit ambitionierter CO_2-Bepreisung entstehen kann, die sich durch einen gemeinsamen CBAM nach außen absichert. Ein aktueller Modellversuch zeigt, dass eine Klima-Koalition mit CBAM – verglichen mit einem Alleingang der Europäischen Union – die globalen Emissionen um ein Vielfaches senken könnte. Das gilt selbst bei einem klimapolitischen Totalausfall der USA, denn aufgrund internationaler Handelsverflechtungen dürften sich neben bedeutenden Industrienationen auch aufstrebende Volkswirtschaften der Koalition anschließen (Beaufils et al. 2024). Und tatsächlich hat bereits die Ankündigung des EU-Grenzausgleichs Indien, Brasilien und die Türkei dazu veranlasst, die Einführung nationaler CO_2-Preise im Einklang mit den EU-Vorgaben vorzubereiten.

Die so entstehenden Klima-Koalitionen sind essentiell für effektive globale Emissionsminderungen. Denn die internationale Klimapolitik steht vor einem grundlegenden Problem: Das Pariser Abkommen legt zwar globale Ambitionsziele fest, kann Staaten jedoch nicht direkt in die Verantwortung nehmen. Das Abkommen kann also nicht gewährleisten, dass die nationalen Klimaziele zusammengenommen ausreichen, um die Erderwärmung innerhalb der Pariser Temperaturgrenzen zu halten. Doch mit einem Flickenteppich aus unkoordinierten Selbstverpflichtungen lässt sich die Klimakrise nicht lösen (Edenhofer und Ockenfels 2017) – zumal bei steigendem globalen Ambitionsniveau der Anreiz für einzelne Staaten größer wird, ihre eigenen Beiträge zu reduzieren und von den Emissionsreduktionen anderer zu profitieren. In der Spieltheorie ist dieses Phänomen als soziales Dilemma bekannt: Je größer der Gesamtnutzen der Kooperation wird, desto stärker neigen einzelne Länder dazu, die Vorteile der kollektiven Maßnahmen zu nutzen, ohne selbst Kosten zu tragen (Hirshleifer 1983). Wenn alle diesem Muster folgen, bricht die internationale Zusammenarbeit aufgrund des Trittbrettfahrerverhaltens zusammen.

Für die internationale Klimapolitik bedeutet dieses Trittbrettfahrer-Dilemma, dass multilaterale Mechanismen notwendig sind, die Kooperationsanreize schaffen und damit letztendlich gegenseitiges Vertrauen herstellen (Edenhofer und Ockenfels 2017). Das Schlüsselwort dabei ist Reziprozität: Staaten können sich selbst zu ambitionierten Emissionsreduktionen verpflichten, wenn sie von der

Kooperation mit anderen Ländern profitieren und sichergestellt ist, dass sich alle Parteien im gleichen Maß beteiligen. Ein Klimaclub, der entweder Mitgliedern Zugang zu einem exklusiven Clubgut wie einem gegenseitigen Technologietransfer eröffnet oder Nichtmitglieder mit Handelsrestriktionen sanktioniert, kann diese Reziprozität schaffen (Lessmann et al. 2009; Lessmann und Edenhofer 2011; Nordhaus 2015; Stern und Lankes 2022). Der CBAM der EU bewirkt genau das. Er könnte also den Anstoß für eine Klimakoalition mit einem gemeinsamen Mindestpreis für CO_2-Emissionen geben. Reiche Clubmitglieder könnten in einem solchen System Entwicklungs- und Schwellenländer bei dessen Einführung unterstützen. Dafür könnten sie beispielsweise einen Fonds einrichten, der Klimaschutz in Niedrigeinkommensländern finanziert und es so ermöglicht, das dortige CO_2-Preisniveau anzuheben. Der Aufbau von Bepreisungsmechanismen könnte auch zur Bedingung für internationale Klimatransfers gemacht werden. Ein CO_2-Preis wirkt also keineswegs nur dann, wenn er für die ganze Welt gilt. Er kann im Gegenteil sogar ein wichtiges Instrument für die strategische internationale Klimakooperation sein.

Literatur

Beaufils, T., Wanner, J., & Wenz, L. (2024). The Potential of Carbon Border Adjustments to Foster Climate Cooperation. *CESifo Working Paper No. 11429.* https://www.cesifo.org/node/83274. Zugegriffen: 15. September 2025.

Beaufils, T., Ward, H., Jakob, M., & Wenz, L. (2023). Assessing different European Carbon Border Adjustment Mechanism implementations and their impact on trade partners. *Communications Earth & Environment, 4*(1), 1–9.

Burke, J. & Schenuit, F. (2024). Conditional fungibility: Sequencing permanent removals into emissions trading systems. *Environmental Research Letters, 19*(111002).

Edenhofer, O., Franks, M., Gruner, F., Kalkuhl, M., & Lessmann, K. (2024a). The Economics of Carbon Dioxide Removal: A Governance Perspective. *CESifo Working Paper No. 11516.* https://www.cesifo.org/en/publications/2024/working-paper/economics-carbon-dioxide-removal-governance-perspective. Zugegriffen: 15. September 2025.

Edenhofer, O., Franks, M., Kalkuhl, M., & Runge-Metzger, A. (2024b). On the Governance of Carbon Dioxide Removal – A Public Economics Perspective. *FinanzArchiv, 80*(1), 70–110.

Edenhofer, O., & Kalkuhl, M. (2024). Planetarische Müllabfuhr – Gamechanger der Klimapolitik? *Perspektiven der Wirtschaftspolitik, 25*(3–4).

Edenhofer, O., Kilimann, C., Leisinger, C., Fuss, S., Kalkuhl, M., Pahle, M., Köhler-Geib, F., Börner, M., Kohn, K., Levinger, H., & Römer, D. (2024c). Let it sink in: New governance and finance structures are needed to scale up carbon dioxide removals. *PIK Discussion Paper 12/24.* https://doi.org/10.5281/zenodo.14056019. Zugegriffen: 15. September 2025.

Edenhofer, O., & Leisinger, C. (2024). Das Klimaschutzprogramm der EU und Bundesregierung. In J. L. Lozán, H. Graßl, D. Kasang, M. Quante, & J. Sillmann (Hrsg.), *Warnsignal Klima: Herausforderung Wetterextreme—Ursachen, Auswirkungen & Handlungsoptionen* (S. 345–350). Wissenschaftliche Auswertungen.

Edenhofer, O., & Ockenfels, A. (2017). Climate Policy at an Impasse. In Peter Cramton, David JC MacKay, Axel Ockenfels, & Steven Stoft (Hrsg.), *Global Carbon Pricing: The Path to Climate Cooperation.* Cambridge, Massachusetts: The MIT Press.

ESABCC – European Scientific Advisory Board on Climate Change (2024). *Towards EU climate neutrality: Progress, policy gaps and opportunities.* https://climate-advisory-board.europa.eu/reports-and-publications/towards-eu-climate-neutrality-progress-policy-gaps-and-opportunities. Zugegriffen: 15. September 2025.

ESABCC – European Scientific Advisory Board on Climate Change (2025). *Scaling up carbon dioxide removals – Recommendations for navigating opportunities and risks in the EU.* https://climate-advisory-board.europa.eu/news/new-report-from-the-eus-climate-advisory-board-outlines-recommendations-to-scale-up-carbon-dioxide-removals-while-addressing-opportunities-and-risks. Zugegriffen: 15. September 2025.

Europäische Union (2023). *Regulation (EU) 2023/956 of the European Parliament and of the Council of 10 May 2023 establishing a carbon border adjustment mechanism (Text with EEA relevance).* http://data.europa.eu/eli/reg/2023/956/oj/eng. Zugegriffen: 15. September 2025.

Franks, M., Gruner, F., Kalkuhl, M., Lessmann, K., & Edenhofer, O. (2024). Pigou's Advice and Sisyphus' Warning: Carbon Pricing With non-Permanent Carbon Dioxide Removal. https://ssrn.com/abstract=4828800. Zugegriffen: 15. September 2025.

Geden, O., Smith, S. M., & Cowie, A. (2024). Chapter 1: Introduction. In Smith, S. M. et al. (Hrsg.), *The State of Carbon Dioxide Removal Report 2024—2nd Edition.*

Grubb, M., Jordan, N. D., Hertwich, E., Neuhoff, K., Das, K., Bandyopadhyay, K. R., Asselt, H. van, Sato, M., Wang, R., Pizer, W. A., & Oh, H. (2022). Carbon Leakage, Consumption, and Trade. *Annual Review of Environment and Resources, 47,* 753–795.

Hirshleifer, J. (1983). From weakest-link to best-shot: The voluntary provision of public goods. *Public Choice, 41,* 371–386.

ICAP – International Carbon Action Partnership (2024). *EU Emissions Trading System (EU ETS).* https://icapcarbonaction.com/system/files/ets_pdfs/icap-etsmap-factsheet-43.pdf. Zugegriffen: 15. September 2025.

Lessmann, K., & Edenhofer, O. (2011). Research cooperation and international standards in a model of coalition stability. *Resource and Energy Economics, 33*(1), 36–54.

Lessmann, K., Gruner, F., Kalkuhl, M., & Edenhofer, O. (2024). Emissions Trading with Clean-Up Certificates: Deterring Mitigation or Increasing Ambition? *CESifo Working Paper No. 11167.* https://papers.ssrn.com/abstract=4875544. Zugegriffen: 15. September 2025.

Lessmann, K., Marschinski, R., & Edenhofer, O. (2009). The effects of tariffs on coalition formation in a dynamic global warming game. *Economic Modelling, 26*(3), 641–649.

Luderer, G., Madeddu, S., Merfort, L., Ueckerdt, F., Pehl, M., Pietzcker, R., Rottoli, M., Schreyer, F., Bauer, N., Baumstark, L., Bertram, C., Dirnaichner, A., Humpenöder, F., Levesque, A., Popp, A., Rodrigues, R., Strefler, J., & Kriegler, E. (2022). Impact of declining renewable energy costs on electrification in low-emission scenarios. *Nature Energy, 7*(1), 32–42.

Mooney, C., Ahmed, N., & Muyskens, J. (2022). *We looked at 1,200 possibilities for the planet's future. These are our best hope*. https://www.washingtonpost.com/climate-environment/interactive/2022/global-warming-1-5-celsius-scenarios/. Zugegriffen: 15. September 2025.

Nordhaus, W. (2015). Climate Clubs: Overcoming Free-Riding in International Climate Policy. *American Economic Review, 105*(4), 1339–1370.

Pahle, M., Günther, C., Osorio, S., & Quemin, S. (2025). The emerging endgame: The EU ETS on the road towards climate neutrality. *Resource and Energy Economics, 81*(101476).

Pahle, M., Sitarz, J., Osorio, S., Görlach, B., Merschel, P., & Unstead, L. (2023). *MSR through 2030: Impact on market liquidity and considerations for the 2026 reform. Input material and takeaways from a workshop in Brussels*. Potsdam Institute for Climate Impact Research. https://ariadneprojekt.de/media/2023/12/Ariadne-Documentation_ETS-WorkshopBruessel_December2023.pdf. Zugegriffen: 15. September 2025.

Pötter, B. (2025). IPCC-Plenum: So attackieren die Bremser im Klimaprozess die Wissenschaft. *Climate.Table, Ausgabe 225 vom 25. Februar 2025*. https://table.media/climate/analyse/ipcc-plenum-so-attackieren-die-bremser-im-klimaprozess-die-wissenschaft/. Zugegriffen: 15. September 2025.

Rickels, W., Rothenstein, R., Schenuit, F., & Friedahl, M. (2022). Procure, Bank, Release: Carbon Removal Certificate Reserves to Manage Carbon Prices on the Path to Net-Zero. *Energy Research & Social Science, 94*(102858).

Schleussner, C.-F., Ganti, G., Lejeune, Q., Zhu, B., Pfleiderer, P., Prütz, R., Ciais, P., Frölicher, T. L., Fuss, S., Gasser, T., Gidden, M. J., Kropf, C. M., Lacroix, F., Lamboll, R., Martyr, R., Maussion, F., McCaughey, J. W., Meinshausen, M., Mengel, M., … Rogelj, J. (2024). Overconfidence in climate overshoot. *Nature, 634,* 366–373.

Sinn, H.-W. (2008). *Das grüne Paradoxon—Plädoyer für eine illusionsfreie Klimapolitik*. Berlin: Econ Verlag.

Smith, S. M., Geden, O., Gidden, M. J., Lamb, W. F., Nemet, G. F., Minx, J. C., Buck, H., Burke, J., Cox, E., Edwards, M. R., Fuss, S., Johnstone, I., Müller-Hansen, F., Pongratz, J., Probst, B. S., Roe, S., Schenuit, F., Schulte, I., & Vaughan, N. E. (2024). *The State of Carbon Dioxide Removal Report 2024—2nd Edition*.

Smith, S. M., Geden, O., Nemet, G., Gidden, M., Lamb, W., Powis, C., Bellamy, R., Callaghan, M., Cowie, A., Cox, E., Fuss, S., Gasser, T., Grassi, G., Greene, J., Lueck, S., Mohan, A., Müller-Hansen, F., Peters, G., Pratama, Y., … Minx, J. (2023). *The State of Carbon Dioxide Removal Report—1st Edition*.

Stern, N., & Lankes, H. P. (2022). *Collaborating and delivering on climate action through a climate club: An independent report to the G7*. London School of Economics and Political Science. https://www.lse.ac.uk/granthaminstitute/publication/collaborating-and-delivering-on-climate-action-through-a-climate-club-an-independent-report-to-the-g7/. Zugegriffen: 15. September 2025.

Sultani, D., Osorio, S., Günther, C., Pahle, M., Sievert, K., Schmidt, T., Steffen, B., & Edenhofer, O. (2024). Sequencing Carbon Dioxide Removal into the EU ETS. *CESifo Working Paper No. 11173*. https://www.cesifo.org/en/publications/2024/working-paper/sequencing-carbon-dioxide-removal-eu-ets. Zugegriffen: 15. September 2025.

Teixidó, J., Verde, S. F., & Nicolli, F. (2019). The impact of the EU Emissions Trading System on low-carbon technological change: The empirical evidence. *Ecological Economics, 164*(106347).

Venmans, F. M. J. (2016). The effect of allocation above emissions and price uncertainty on abatement investments under the EU ETS. *Journal of Cleaner Production, 126,* 595–606.

Warszawski, L., Kriegler, E., Lenton, T. M., Gaffney, O., Jacob, D., Klingenfeld, D., Koide, R., Costa, M. M., Messner, D., Nakicenovic, N., Schellnhuber, H. J., Schlosser, P., Takeuchi, K., Leeuw, S. V. D., Whiteman, G., & Rockström, J. (2021). All options, not silver bullets, needed to limit global warming to 1.5 C: a scenario appraisal. *Environmental Research Letters, 16*(064037).

Zaklan, A. (2023). Coase and Cap-and-Trade: Evidence on the Independence Property from the European Carbon Market. *American Economic Journal: Economic Policy, 15*(2), 526–558.

6 Fazit

Der Klimawandel kostet. Steigende Durchschnittstemperaturen, Extremwetterereignisse und veränderte Niederschlagsmuster verursachen ökonomische Schäden in Billionenhöhe – ganz zu schweigen von den fatalen Konsequenzen für Ökosysteme und menschliches Leben. Die durch Klimaschäden verursachten Kosten übersteigen die der Emissionsvermeidung dabei um ein Vielfaches. Je weiter die Emissionen steigen, desto größer werden auch die Schäden.

Doch im Preis emissionsintensiver Wirtschaftsaktivitäten spiegeln sich die Kosten der Klimafolgen momentan nicht wider: Emittent*innen können klimaschädlichen Tätigkeiten nachgehen, ohne für die daraus resultierenden Verluste zu haften. Die Schäden werden auf die Allgemeinheit abgewälzt. Dem Klimawandel liegt also ein globales Marktversagen zugrunde: Weil sie die tatsächlichen Kosten des CO_2-Ausstoßes externalisieren können, besteht für die Verursacher*innen der Emissionen kein ausreichender Anreiz, auf klimafreundliche Alternativen umzusteigen. Obwohl die Restriktion des Treibhausgasausstoßes allen zugutekäme, dient die Atmosphäre ohne Regulation als kostenloser Deponieraum für Emissionen. Die Folge ist eine Übernutzung weit über die natürlichen Belastungsgrenzen hinaus. Aufgabe der Klimapolitik ist es, dieses Marktversagen zu korrigieren.

Genau hier setzt der CO_2-Preis an: Indem der Ausstoß von Treibhausgasen mit einer Steuer belegt wird oder Emittent*innen in einem Handelssystem zum Erwerb von Emissionsberechtigungen verpflichtet werden, können die negativen Effekte der Emissionen im Preis abgebildet werden. Durch die Internalisierung der Klimaschäden wird die Nutzung fossiler Brennstoffe unrentabel. Ge- und Verbote, Standards und die Subvention grüner Technologien können preisbasierte Instrumente sinnvoll ergänzen. Doch der CO_2-Preis bleibt der zentrale Baustein einer wirksamen Klimapolitik. Denn eine allein auf Subventionen beruhende

O. Edenhofer et al., *CO₂ hat seinen Preis*,
https://doi.org/10.1007/978-3-658-50400-7_6

Klimapolitik bedeutet höhere Kosten für den Staat, Standards können durch unbeabsichtigte Verhaltensänderungen konterkariert werden und Verbote stoßen zum Teil auf großen gesellschaftlichen Widerstand oder lenken die technologische Entwicklung mitunter nicht in die gesellschaftlich wünschenswerteste Richtung. Außerdem kann der CO_2-Preis wirksam fossile Altlasten aus dem Markt drängen. Ein Blick auf die weltweite Klimapolitik der vergangenen 20 Jahre zeigt: Effektive Maßnahmenpakete beinhalten in den meisten Fällen ein Preisinstrument.

Doch trotz seines klimapolitischen Erfolges ist der CO_2-Preis immer wieder Gegenstand von gesellschaftlichen Protesten und politischer Kritik. Wir hoffen, den Leser*innen dieses Buches neue Perspektiven auf fünf weit verbreitete Irrtümer über die CO_2-Bepreisung eröffnet zu haben. Wir haben gezeigt, dass (1) Preisinstrumente tatsächlich eine große Lenkungswirkung entfalten können und kosteneffizient Emissionen einsparen. Wir haben argumentiert, dass (2) ein CO_2-Preis – anders als oft behauptet – für Entscheidungsträger*innen durchaus umsetzbar ist. Der beste Beweis dafür sind die politischen Entwicklungen der vergangenen Jahrzehnte: In der EU ist der Emissionshandel seit 2005 das Herzstück der Klimapolitik. Mitten in der Energiekrise einigten sich die EU-Gesetzgeber sogar auf die Einführung eines zweiten Emissionshandelssystems für die Sektoren Gebäude und Straßenverkehr. In Deutschland wird schon seit 2021 ein nationaler Preis auf die Emissionen in diesen Sektoren erhoben. Und auch international setzen sich preisbasierte Mechanismen mehr und mehr durch. Über ein Viertel der globalen Emissionen wird bereits von einem Preis erfasst. Die Tendenz ist steigend. Entscheidend für die Durchsetzbarkeit des Preises ist auch seine Verteilungswirkung, also die finanziellen Auswirkungen auf unterschiedliche soziale Gruppen.

Wir haben aufgezeigt, dass ein CO_2-Preis (3) sozial gerecht gestaltet werden kann: Im Unterschied zu anderen klimapolitischen Instrumenten generiert die CO_2-Bepreisung nämlich Einnahmen, die zur Kompensation von Haushalten verwendet werden können. Ein solcher Ausgleich ist wichtig, denn tatsächlich belastet ein CO_2-Preis besonders Geringverdienende überproportional. Darüber hinaus variiert die Belastungswirkung auch innerhalb einer Einkommensklasse stark. Aufgrund individueller Lebensumstände können Härtefälle entstehen. Eine pauschale Pro-Kopf-Rückerstattung der CO_2-Preis-Einnahmen kann die Belastung für Haushalte mit geringem Einkommen im Durchschnitt ausgleichen und für die einkommensschwächsten Bevölkerungsgruppen im Schnitt sogar einen Nettogewinn bedeuten. Eine gezieltere Kompensation für den CO_2-Preis im Gebäudesektor erlaubt ein differenziertes Gebäudeklimageld, das an der spezifischen Belastungslage in einzelnen Gebäuden ausgerichtet wird. So könnte ein

Gebäudeklimageld Überkompensationen und Härtefälle vermeiden und gleichzeitig wichtige Transformationssignale senden.

Außerdem haben wir dargelegt, dass (4) der CO_2-Bepreisung keineswegs ein nahes Ende bevorsteht. Denn auch in einer Netto-Null-Welt hat sie eine wichtige Aufgabe. In Zukunft wird es in der Klimapolitik darum gehen, die Entnahme von CO_2 aus der Atmosphäre zu regulieren und damit einerseits kurzfristig schwer vermeidbare Restemissionen auszugleichen und andererseits langfristig den Abbau eines Temperatur-*Overshoots* zu ermöglichen. Emissionshandelssysteme können dabei eine zentrale Rolle spielen, da sie eine Möglichkeit eröffnen, Emittent*innen und die Anbieter von CO_2-Entnahmen miteinander zu verknüpfen. Werden beispielsweise neue „Clean-up"-Zertifikate in den Emissionshandel integriert, können Verschmutzer*innen eine Kohlenstoffschuld aufnehmen, die sie verpflichtet, ihre Emissionen durch die (spätere) Finanzierung von CO_2-Entnahmen auszugleichen.

Schließlich haben wir argumentiert, dass (5) CO_2-Preise auch dann wirken, wenn sie regional begrenzt sind. Tatsächlich wäre ein globaler CO_2-Preis auch nicht ohne Weiteres wünschenswert. Denn ein einheitlicher Preis wäre nicht gerecht und für Schwellen- und Entwicklungsländer höchstwahrscheinlich inakzeptabel – zumindest ohne einen Finanzausgleich zwischen reichen und armen Staaten. Da es der internationalen Staatengemeinschaft kaum gelingen wird, sich auf derartige Transferleistungen zu einigen, bleibt ein globaler Einheitspreis für CO_2-Emissionen vorerst illusorisch. Doch auch regional fragmentierte CO_2-Preise können effektiv Emissionen reduzieren. Zwar könnten höhere Produktionskosten durch den CO_2-Preis für Industrieunternehmen tatsächlich zum Wettbewerbsnachteil werden. Verlagern sie ihren Betrieb ins CO_2-Preis-freie Ausland, schadet dies der heimischen Wirtschaft und für das Klima ist selbstverständlich kein Nutzen erbracht. *Carbon Leakage* kann jedoch verhindert werden. Bisher schützte die EU energieintensive Industrien primär durch kostenlose Emissionszertifikate; ab 2026 greift schrittweise der *Carbon Border Adjustment Mechanism*. Dann werden für Importe in die EU CO_2-Abgaben fällig, wenn die Güter in ihrem Herkunftsland nicht einem äquivalenten CO_2-Preis unterliegen. Über den CBAM kann der europäische CO_2-Preis sogar mehr Reziprozität in der Klimapolitik schaffen und so die internationale Kooperation stärken.

Entscheidend für den Erfolg der CO_2-Bepreisung sind also seine Ausgestaltung, die Einführung von begleitenden Maßnahmen, z. B. für den sozialen Ausgleich, instrumentelle Anpassungen an die Herausforderungen der Zukunft – und nicht zuletzt ein politisches Bekenntnis. Denn nur wenn sich politische Entscheidungsträger*innen glaubhaft und langfristig zu den Klimazielen und einem

CO_2-Preispfad bekennen, können Unternehmen, Investoren und Haushalte planen und Investitionsentscheidungen im Sinne der Klimapolitik treffen.

Während wir im Juni 2025 die Arbeit an diesem Buch abschließen, erschweren die aktuellen geopolitischen Umbrüche zunehmend das Bekenntnis zu einer konsequenten Klimatransformation und zur internationalen Zusammenarbeit. Ein Klimawandelleugner regiert das wirtschaftsstärkste Land der Welt. Der Aufschwung rechtsextremer und rechtspopulistischer Parteien in vielen Ländern schwächt den gesellschaftlichen Rückhalt für die Transformation. Der anhaltende Krieg Russlands gegen die Ukraine und die Erosion der transatlantischen Allianz gefährden die Sicherheit Europas. Im Nahen Osten eskaliert die Gewalt. Es wird deutlich, dass die europäischen Staaten ihre Verteidigungsausgaben drastisch steigern werden, um selbst für ihre Sicherheit einstehen zu können. Der Fokus auf Militärinvestitionen könnte die Klimapolitik ins Abseits rücken.

Doch Sicherheitspolitik kann ohne Klimapolitik nicht funktionieren. Gerade jetzt ist es wichtig, nicht beides gegeneinander auszuspielen. Es ist notwendig, dass Europa seine Sicherheit selbst in die Hand nimmt. Das darf aber nicht auf Kosten der Energiewende geschehen. Denn erstens ist auch der Klimawandel selbst ein Sicherheitsrisiko: Durch die Klimaschäden und potenziell hohe Anpassungskosten schrumpft das für Sicherheitsinvestitionen verfügbare Budget. Weltweit werden durch den Klimawandel Konfliktrisiken und humanitäre Katastrophen verstärkt – mit unmittelbaren Folgen für die Sicherheit Deutschlands und Europas (Metis et al. 2025). Angesichts eskalierender Klimarisiken könnten sich einige Staaten auch dazu entscheiden, die Sonneneinstrahlung mit bisher wenig erforschten Methoden des *Geoengineerings* zu manipulieren. Der Einsatz derartiger Technologien – beispielsweise die Injektion von Aerosolen in die Stratosphäre – birgt bislang schwer abzuschätzende Risiken; die potenzielle Veränderung von Niederschlagsmustern und die Folgen für die Landwirtschaft könnten zwischenstaatliche Konflikte schüren (European Commission 2024; Metis et al. 2025). Und innerhalb der EU kann die ungleiche Verteilung der Last von Klimafolgen zwischen den Mitgliedsstaaten kann zur Zerreißprobe für das Bündnis werden. Und nicht zuletzt würde eine verzögerte Klimapolitik das Vertrauen in internationale Abkommen schwächen (Metis et al. 2025).

Zweitens generiert die Klimapolitik eine „Sicherheitsdividende" (Beaufils et al. 2025b): Indem sie die Nachfrage nach fossilen Brennstoffen reduziert, schmälert die Klimapolitik der EU die Gewinne rohstoffexportierender Staaten. Das trifft auch Russland, denn rund ein Drittel des russischen Staatshaushalts stammt aus den Einnahmen von Öl- und Gasexporten. Senkt die EU nun ihre Nachfrage nach Öl, fällt der globale Marktwert des Rohstoffs und Russland verzeichnet direkte finanzielle Verluste – selbst wenn ein Teil der Handelsströme in andere Importländer umgelenkt wird. Je weniger Öl die EU also einkauft, desto geringer sind Russlands Einnahmen und desto weniger kann das Land für die Finanzierung des Krieges in der Ukraine und die weitere militärische Hochrüstung ausgeben. Das wiederum reduziert für die EU-Staaten den Druck, in Anbetracht der von Russland ausgehenden Bedrohung selbst ihre Militärausgaben zu steigern (Beaufils et al. 2025a, 2025b). Vor allem das zweite europäische Emissionshandelssystem, das einen Preis auf die Importe von Öl und Gas erhebt, wird damit zum entscheidenden geopolitischen Instrument.

In einer Zeit, in der die globale Sicherheitsordnung ins Wanken gerät, ist konsequente Klimapolitik unverzichtbar. Die EU-Mitglieder haben mit ihrem *Green Deal* bereits gezeigt, wie es möglich ist, durch reziproke Verpflichtungen und gut ausgestaltete Politikinstrumente das zwischenstaatliche Kooperationsdilemma zu überwinden. Der CBAM schafft die Voraussetzung dafür, diese Kooperation auch auf Nicht-EU-Staaten auszuweiten. Tatsächlich ist der CO_2-Preis für die internationale Klimapolitik angesichts der derzeitigen Budgetkürzungen vieler Länder umso entscheidender. Denn während schrumpfende nationale Entwicklungsetats auch den finanziellen Spielraum von Klimapartnerschaften begrenzen, schafft ein gut ausgestalteter CO_2-Preismechanismus alternative Finanzierungsmöglichkeiten für Emissionsreduktionen und perspektivisch auch für die Entnahme von CO_2 aus der Atmosphäre.

Kurz gesagt: Der CO_2-Preis ist ein essentieller Baustein einer erfolgreichen Klimapolitik. Er ist notwendig, um heute Emissionen effektiv zu senken; und er ist der Türöffner für eine zukunftsorientierte Klimapolitik, die Antworten auf die Frage bietet, wie die zentralen Herausforderungen internationaler Klimaverhandlungen überwunden werden können.

Literatur

Beaufils, T., Conyngham, K., de Vries, M., Jakob, M., Kalkuhl, M., Richter, P. M., Spiro, D., Stern, L. & Wanner, J. (2025a). The Geopolitical Externality of Climate Policy. *Kiel Working Paper No. 2283. Kiel Institute for the World Economy.* https://www.ifw-kiel.de/publications/the-geopolitical-externality-of-climate-policy-34002/. Zugegriffen: 15. September 2025.

Beaufils, T., Jakob, M., Kalkuhl, M., Richter, P. M., Spiro, D., Stern, L. & Wanner, J. (2025b). The Security Dividend of Climate Policy. *Kiel Policy Brief No. 187. Kiel Institute for the World Economy.* https://www.ifw-kiel.de/publications/the-security-dividend-of-climate-policy-34008/. Zugegriffen: 15. September 2025.

European Commission: Directorate-General for Research and Innovation and Group of Chief Scientific Advisors. (2024). *Solar radiation modification.* Publications Office of the European Union. https://data.europa.eu/doi/https://doi.org/10.2777/391614. Zugegriffen: 15. September 2025.

Metis Institut für Strategie und Vorausschau, adelphi research gGmbH, Bundesnachrichtendienst (BND), & Potsdam-Institut für Klimafolgenforschung (PIK). (2025). *National Interdisciplinary Climate Risk Assessment.* https://metis.unibw.de/en/nike/. Zugegriffen: 15. September 2025.

FSC
www.fsc.org
MIX
Papier | Fördert
gute Waldnutzung
FSC® C083411

Kolibri 360 GmbH
Ferdinand-Jühlke-Straße 7
99095 Erfurt, Deutschland
produktsicherheit@kolibri360.de